SOCIÉTÉ DE BOTANIQUE DE FRAIPONT ET NESSONVAUX.

FLORE

De *Fraipont*, *Nessonvaux* et leurs environs, y compris toute la Vallée de la Vesdre, depuis *Limbourg* jusqu'à *Chênée*, le cours de l'*Ourthe*, depuis *Hamoire* jusqu'à la *Meuse*, les cours de la *Hoëgne* et le ruisseau dit *le Waay*, depuis *Sart* jusqu'à *Pepinster*, les bords de l'*Amblève*, depuis *Nonceveux* jusqu'à *Douflamme* et depuis *Stavelot* à la *Cascade de Coo*, les bords de la *Meuse*, d'*Ougrée* à *Herstal*, *Ile Monsin* et *Jupille*.

Exploration par la Société, sous la direction de Mr M^c MICHEL, botaniste amateur.

Étude des plantes récoltées depuis 1869 jusqu'en 1876

VERVIERS, IMP. E. PIETTE ET Cie

1877.

FLORE

De *Fraipont, Nessonvaux* et leurs environs,
y compris toute la Vallée de la Vesdre,
depuis *Limbourg* jusqu'à *Chênée*, le cours
de l'*Ourthe*, depuis *Hamoire* jusqu'à la
Meuse, les cours de la *Hoëgne* et le ruisseau dit *le Waay*, depuis *Sart* jusqu'à
Pepinster, les bords de l'*Amblêve*, depuis
Nanceveux jusqu'à *Douflamme* et depuis
Stavelot à la *Cascade de Coo*, les bords
de la *Meuse*, d'*Ougrée* à *Herstal*, *Ile
Moncin* et *Jupille*.

Exploration par la Société, sous la direction
de Mᵣ M. MICHEL, botaniste amateur.

Étude des plantes récoltées depuis 1869 jusqu'en 1876.

VERVIERS, IMP. E. PIETTE ET Cⁱᵉ

1877.

Avertissement.

Le désir ardent témoigné par beaucoup de personnes pour connaître les plantes, nous donne l'idée de publier cette Flore, renfermant la description des plantes qui croissent dans nos environs, autant que nous le permettent nos connaissances en cette matière.

Elle sera aussi d'une utilité incontestable pour les botanistes belges, qui explorent trop rarement nos contrées, surtout la vallée de la Vesdre, et qui ne connaissent qu'imparfaitement les plantes introduites qu'on y rencontre, et d'autres naturalisées aux environs et sur les talus du chemin de fer.

Nous n'avons absolument pas la prétention de signaler toutes les plantes qu'on rencontre dans les vallées susdites, mais

ce que nous pouvons affirmer à nos lecteurs
c'est que toutes celles que nous indiquerons
seront toujours trouvables en temps et lieux,
et les amateurs seront d'autant plus certains
de les retrouver, qu'elles sont de recher-
che récente.

Dans le cours de notre publication, nous
nous efforcerons d'être aussi clairs que
possible, écrivant dans un français très vulgaire et n'employant les termes scien-
tifiques que lorsqu'il sera tout-à-fait néces-
saire.

Nous donnerons autant que possible, après
les noms vulgaires des plantes, les noms
Wallons ; ensuite, nous indiquerons les
noms de quelques plantes signalées soit dans
les Flores belges soit dans la Flore verviétoise, que nous n'avons pas rencon-
trées, pour donner la faculté aux personnes
qui les trouveraient de pouvoir les déter-
miner.

Enfin, nous publierons un petit vocabu-
laire contenant l'explication des mots
techniques, employés dans la Botanique
descriptive, que nous emploierons dans le
cours de cet ouvrage.

Puisse ce petit traité faire tout le bien

que nous désirons et donner la connaissance des plantes aux personnes qui le désirent.

Au nom et pour la *Société de Botanique de Fraipont-Nessonvaux* :

Le Directeur,
M. MICHEL,
Charneux-Fraipont.

Le Président,
N. REMACLE,
Nessonvaux.

Abréviations.

DURÉE DES PLANTES.

Ann.	Annuelle.
Bisa.	Bisannuelle.
Viv.	Vivace.

MOIS DE FLORAISON.

Av.	Avril.
M^i.	Mai.
J^n.	Juin.
J^t.	Juillet.
A^t.	Août.
Sep.	Septembre, etc.

LOCALITÉS.

Fr. Fraip.	Fraipont.
Ness.	Nessonvaux.
Pep. Pepins.	Pepinster.
And.	Andoumont.

Cor Corn.	Cornesse.
Chaudf.	Chaudfontaine.
Louv.	Louvegnez.
Goff.	Goffontaine.
Verv.	Verviers.
Sta.	Stavelot.

ORGANES DES PLANTES.

Cal.	Calice.
Cor.	Corolle.
Fe.	Feuille.
Fol.	Folioles.
Fl.	Fleur.
Fr.	Fruit.
Herm.	Hermaphrodite.
Éta.	Étamine.
Inv.	Involucre.
Inf,	Inférieur.
Sup.	Supérieur.
Stig.	Stigmate.
Rec.	Réceptacle.
Pinn.	Pinnatifide.
Rhom.	Rhomboïdal.
Orb.	Orbiculaire.
Ell.	Elliptique.

Toutes les plantes de cette Flore ont été déterminées d'après les Flores suivantes :

Manuel de la Flore Belge par Crépin.
Flore de la Belgique par Hanon.
Flore Française par Mutel.
Flore du D^t de la Somme par Pauqui.
Flore Verviétoise par Beaufays.
Manuel de l'herboriste par Julia de Fontenelle.
Flore des environs de Spa par Lejeune.
Flore des environs de Paris par Mérat.

Les abréviations des noms des auteurs ont été tirés des différentes Flores belges et de la Flore française par Mutel.

VOCABULAIRE

**Des principaux mots techniques employés dans
les ouvrages de Botanique descriptive.**

A

Acaule. Sans tige.

Aciculaire. Forme d'aiguille, adhérent, organes soudés.

Acotylédoné. Dépourvu de cotylédons.

Aigrette. Faisceau de soies ou de poils qui terminent certaines graines ou fruits.

Akène. Fruit sec, petit, indéhiscent et ne renfermant qu'une seule graine.

Amplexicaule. Dont la base élargie embrasse la tige.

Anthère. Partie de l'étamine qui renferme le pollen.

Anthèse. Fleuraison ou époque de l'épanouissement des fleurs.

Apétale. Dépourvu de pétales.

Apprimé. Exactement appliqué contre une surface.

Ascendant. Étalé ou arqué à la base, puis redressé.

Atténué. Insensiblement rétréci ou aminci.

Auriculé. Muni d'oreillettes à la base.

Axe. Partie d'un pédoncule commun sur lequel sont fixées les fleurs.

Axillaire. Placé à l'aisselle des rameaux ou des feuilles.

B

Baie. Fruit mou ou pulpeux contenant plusieurs graines.

Bacciforme. De la nature de la baie.

Bifide. Divisé profondément en 2 parties.

Biflore. Portant ou renfermant 2 fleurs.

Bifurqué. Fourchu.

Bilabié. Une corolle à deux lèvres.

Bilobé. Partagé en deux lobes ou divisions peu profondes.

Biloculaire. Se dit des fruits qui sont partagés en deux loges.

Bipartit. Partagé profondément en deux parties.

Bipinnatifide. Une feuille assez profondément divisée sur les deux côtés et dont les lobes sont assez profondément divisés **eux-mêmes.**

Bipinné. Feuille deux fois ailée.

Bractées. Feuilles qui avoisinent les fleurs.

Bractéole. Petite bractée.

Bulbe. Sorte de racine comme l'oignon.

Bulbille. Petit bulbe.

C

Caduc. Tombant avant que les organes voisins aient achevé de végéter.

Calice. Enveloppe dans laquelle est fixée la corolle.

Calicule. Petit calice.

Campanulé. En forme de cloche.

Caniculé. Creusé en gouttière.

Capillaire. Fin et délié comme un cheveu.

Capitule. Agrégation de fleurs sessiles disposées en tête sur un réceptacle commun.

Capsule. Fruit sec contenant plusieurs graines.

Cariopse. Fruit ou grain des graminées.

Carpelle. Chacun des fruits ou pistils provenant d'une fleur.

Caulescent. Qui a une tige.

Caulinaire. Placé sur la tige.

Cespiteux. Qui croît en gazon serré.

Cilié. Bordé de poils ou de cils.

Connées. Feuille tout-à-fait soudées par la base.

Connivent. Organes écartés par leur base et rapprochés par leur sommet.

Contracté. Resserré.

Cordiforme. Forme d'un cœur; cordé; approchant la forme d'un cœur.

Corolle. Rang de petites pièces entre le calice et les étamines, ordinairement revêtues de couleurs brillantes, elles sont libres ou soudées ensemble plus ou moins.

Corymbe. Inflorescence dans laquelle les pédoncules partent de points différents, se ramifient et élèvent leurs fleurs à peu près au même niveau.

Cotylédons. Premières feuilles qui poussent d'une graine.

Crustacé. Dur et fragile.

Cunéiforme. Forme de coin.

Cuspidé. Prolongé en pointe longue et aiguë.

Cryptogame. Plante dont les organes reproducteurs ne sont pas constitués par des étamines et des ovules.

D

Décurrent. Feuille ou pétiole prolongé sur la tige par sa base.

Déhiscence. Manière dont le fruit s'ouvre à la maturité.

Déhiscent. Organe qui constitue une cavité s'ouvrant à une époque déterminée.

Dialypétale. Pétales libres entr'eux.

Dichotome. Tige ou rameau qui se divise en deux branches, qui sont elles-mêmes bifurquées une ou plusieurs fois.

Dicotylédoné. Qui a deux cotylédons.

Digité. A divisions étalées comme les doigts de la main.

Dioïque. Plantes dont les organes mâles et femelles sont portés sur des pieds différents.

Disperme. Contenant deux graines.

Divariqué. Rameaux ou pédoncules écartés de la tige à angle ouvert.

Drupe. Fruit charnu à une seule graine renfermée dans un noyau.

E

Efflorescence. Sorte de poussière qui recouvre certains fruits.

Emarginé. Marqué sur les bords d'une échancrure plus ou moins profonde.

Embryon. Plante rudimentaire contenue dans la graine, composée d'un ou de deux cotylédons, d'une plumulle et d'une radicule.

Epi. Fleurs sessiles disposées le long d'un pédoncule commun dressé.

Epigyne. Placé sur l'ovaire.

Epillet. Petits épis simples dont se compose l'épi composé ou la panicule des cypéracées et graminées.

Etamines. Organes mâles de la fleur, placés ordinairement entre les pétales et l'ovaire: elles sont composées d'un filet plus ou moins long surmonté d'un anthère.

Extorse. Anthère dont la face regarde le dehors de la fleur.

F

Fasciculé. Partant d'un même point et réuni en faisceau.

Fastigié. Rameaux redressés et rapprochés de la tige.

Foliole. Petite feuille ou division d'une feuille composée.

Fructifére. Qui porte des fruits.

Fusiforme. Rétréci aux deux bouts et renflé au milieu.

Foliacé. De la nature des feuilles.

G

Gamopétale. Se dit d'une corolle dont les

pétales sont plus ou moins soudés à la base.

Géminés. Organes nés deux ensemble.

Géniculé Genouillé.

Gibbeux. Bossu, en bosse.

Glabre. Sans poils.

Glande. Petites bosses remplies de jus que l'on trouve sur certains organes, feuilles, tiges.

Glauque. D'un vert blanchâtre ou bleuâtre.

Glumes. Chez les plantes des graminées sont des bractées stériles placées à la base de l'épillet.

Glumelle. Bractées qui enveloppent la fleur des graminées.

Grappe. Inflorescence dans laquelle les fleurs plus ou moins pédicellées sont disposées le long d'un pédoncule commun dressé ou pendant.

Glomérules. Paquets de petites fleurs.

H

Hampe. Pédoncule qui part de la racine et qui porte une ou plusieurs fleurs.

Hasté. Forme de fer de hallebarde.

Herbacé. De la consistance des feuilles.

Hérissé. Garni de poils raides.

Hermaphrodite. Une fleur munie d'étamines et de pistil.

Hispide. Garni de poils raides.

Hypocratériforme. En forme de coupe large peu profonde et portée sur un pied.

I

Imbriqué. Disposé comme les tuiles sur un toit.

Incisé. Découpé sur sa longueur.

Inclus. Renfermé.

Indéhiscent. Ne s'ouvrant jamais.

Inflorescence. Disposition générale des fleurs sur chaque rameau.

Infundibuliforme. Forme d'entonnoir.

Insertion. Le lieu sur la tige où naissent les fleurs, les feuilles, les rameaux, etc.

Introrse. Anthère dont la face est tournée vers l'intérieur de la fleur.

Involucelle. Dans la famille des Ombellifères, se dit de l'involucre des ombellules.

Involucre. Collerette de folioles entourant étroitement une partie.

L

Labelle. Celle des trois parties inférieures de la fleur des Orchidées qui est dirigée en bas.

Labié. Corolle ou calice dont le limbe est divisé en deux lèvres.

Lacinié. Découpé en lanières plus ou moins profondes.

Lancéolé. Forme d'un fer de lance.

Ligneux. De la nature du bois.

Ligule. Membrane scarieuse qui existe à l'extrémité de la face interne de la gaîne dans la famille des graminées.

Ligulé. En forme de languette.

Limbe. Partie plane des feuilles, des sépales ou des pétales.

Linéaire. Allongé d'égale largeur et étroit.

Lisse. N'ayant ni poils ni aspérités.

Lobes. Parties saillantes séparées par des échancrures.

Loculicide. Déhiscence du fruit qui a lieu par la rupture de la nervure dorsale de chaque carpelle.

M

Maculé. Taches sur les feuilles ou autres organes.

Marcescent. Persistant toujours quoique desséché.

Marginal. Qui constitue le bord.

Marginé. Entouré d'un bord.

Membrane. Organe mince et luisant.

Monocotylédoné. Un seul cotylédon.

Monoïque. Plantes à fleurs unisexuelles portées par un même individu.

Monoliforme. Forme chapelet.

Monopétale. Corolle d'une pièce.

Monosperme. A une graine.

Mucron. Pointe raide terminant une feuille ou autre organe.

Multifide. A beaucoup de divisions.

Multiflore. Beaucoup de fleurs.

Multiloculaire. Plusieurs loges.

Muriqué. Couvert de pointes robustes.

Mutique. Sans arêtes ni pointes.

N

Nectarifères. Certaines surfaces pétaloïdes qui sécrètent des liquides.

O

Obconique. Forme de cône renversé.

Obcordé. Cœur renversé.

Oblong. Plusieurs fois plus long que large.

Obovale. Ovale renversée.

Obtus. A sommet arrondi.

Oligosperme. Qui renferme peu de graines.

Ombelle. Inflorescence dans laquelle tous les pédoncules insérés au même point se divisent en pédicelles insérés aussi au même point.

Ombellule. Nom donné aux petites ombelles dont l'ensemble forme les ombelles composées.

Onglet. Base étroite par laquelle un pétale est inséré.

Orbiculaire. Rond comme un cercle.

Ovaire. Partie inférieure et renflée du pistil qui contient les jeunes graines.

Ovoïde. Approchant de la forme ovale.

Ovule. Petites graines qui se forment dans l'ovaire.

P

Paillette. Petites lames minces et étroites, sèches et luisantes, qu'on trouve entre certaines petites fleurs de la famille des composées.

Palmes. Divisions disposées comme une main dont les doigts sont ouverts.

Papilionacées. Corolles composées de cinq pétales dont la supérieure, plus grande, se nomme étendard, les deux latérales, plus étroites, sont les ailes et les deux inférieures, ordinairement soudées, constituent la carène.

Pauciflore. Peu de fleurs.

Pectiné. A divisions disposées sur deux rangs comme les dents d'un peigne.

Pédicelle. Queue particulière de chaque fleur.

Pédicellé. Qui a un pédicelle.

Pédoncule. Support ou queue des fleurs.

Pelté. Feuille dont le pétiole s'insère au milieu du limbe.

Perfoliée. Feuille traversée par la tige à sa base.

Périanthe. Ensemble des enveloppes florales des plantes monocotylédonées.

Périgyne. Corolles ou étamines insérées sur le calice.

Persistant. Qui dure plus que les autres organes.

Pétale. Feuille des fleurs: ordinairement colorée.

Pétaloïde. De la nature des pétales.

Pétiole. Support ou queue des feuilles.

Pétiolulé. Muni d'un très-court pétiole.

Phanérogames. Plantes dont les organes reproducteurs sont des étamines et des pistils.

Pinnatifide. Feuille qui a de chaque côté des lobes assez profonds et parallèles.

Pinnée. Feuilles composées de petites folioles sur les deux côtés du rachis.

Pinnule. Lobe ou foliole de la feuille des fougères.

Pistil. Ensemble de l'ovaire du style ou du stigmate: c'est l'organe femelle des fleurs; ordinairement placé au milieu.

Pivotante. Racine qui s'enfonce verticalement dans le sol.

Placenta. Partie de l'ovaire où les ovules sont insérés.

Polygame. Qui porte des fleurs hermaphrodites, des fleurs mâles et des fleurs femelles sur la même plante.

Polypétale. Qui a plusieurs pétales.

Polysperme. Qui renferme plusieurs graines.

Ponctué. Marqué de petites taches en forme de points ou petites fossettes.

Pubescent. Qui est couvert de poils fins, courts et peu espacés.

Pulvérulent. Comme couvert de poussière.

Pyriforme. Forme de poire.

Q

Quadriloculaire. A quatre loges.

Quadripartit. Quatre divisions profondes.

Quadrifide. Quatre divisions peu profondes.

R

Rachis. Pétiole continué par la nervure moyenne dans les feuilles composées.

Radical. Qui vient de la racine.

Radicant. Produisant des racines adventives.

Réceptacle. Partie ou sont insérés les fleurons dans la famille des composées.

Réfléchi. Courbé vers le sol.

Réniforme. Forme de rein ou rognon.

Réticulé. forme de réseau.

Rotacée. Corolle à limbe étalé en forme de roue.

Rugueux. Marqué d'élévations séparées par des sillons en forme de ride.

S

Sagitté. Forme de fer de flèche.

Scabre. Rude au toucher.

Scarieux. Sec, mince et luisant.

Segment. Portion divisée et distincte d'un organe quelconque.

Sépales. Folioles du calice.

Sessile. Dépourvu de support.

Sétacé. Forme d'une soie ou d'un crin.

Sinué. Dont les bords décrivent des sinuosités.

Sinus. Angle rentrant.

Souche. Partie souterraine d'une plante vivace.

Spatulé. Dont la base est rétrécie et le sommet élargi et arrondi.

Spiciforme. Forme d'épi.

Squamiforme. Forme d'écaille.

Stigmate. Partie supérieure du pistil, qui est renflée, glanduleuse.

Stipule. Organe foliacé qui accompagne la base des feuilles ou des pétioles.

Stolon. Tige rampante qui s'enracine aux nœuds.

Stolonifère. Produisant des stolons ou jets rampants.

Strié. Qui a de petites lignes creuses sur sa longueur.

Style. Partie du pistil qui surmonte l'ovaire.

Sub. Presque suborbiculaire, presque orbiculaire.

T

Tomenteux. Qui a des poils courts et entrelacés.

Toruleux. Bosselé.

Trilobé. A trois lobes.

Triloculaire. A trois loges.

Tripartit. A trois divisions profondes.

Tripinnatifide. 3 fois pinnatifides.

Tripinnée. 3 fois ailée.

Triquètre. A 3 angles à arêtes saillantes ou coupantes.

Tubéreux. Racine qui présente des renflements gros et charnus.

Turbiné. Forme de toupie.

Tubercule. Comme les pommes de terre.

Tuberculeux. Qui a des tubercules.

U

Uniflore. A une fleur.

Unilatéral. Tourné d'un côté.

Uniloculaire. A une loge.

Unisexuelle. Fleur qui ne porte que des étamines ou des pistils.

Urcéolé. Renflé au milieu et contracté aux deux extrémités.

V

Velu. Couvert de poils.

Verruqueux. Garni de petites aspérités.

Verticille. Assemblage d'organes, disposés en cercle.

Visqueux. Couvert d'une humeur gluante qui adhère aux doigts.

Volubile. S'entortillant autour d'un support.

Vrille. Organes filiformes qui s'enroulent en spirale autour des corps voisins et ainsi soutiennent la plante.

Plantes phanérogames ou cotylédonées.

Plantes à organes reproducteurs constitués par des étamines et des pistils.

Division 1. — DICOTYLÉDONÉES (2 COTYLÉDONS.

Végétaux herbacés ou ligneux à tige contenant une moëlle au centre et des couches concentriques recouvertes par une écorce visible ; feuilles à nervures très-ramifiées ; enveloppes de la fleur (pétales) 'ordinairement cinq.

Subdivision 1. — DIALYPÉTALES.

Corolle à pétales non soudés à la base (libres).

Classe 1re. — DIALYPÉTALES HYPOGIONES.

Pétales libres non soudés à la base insérée sur le réceptacle ainsi que les étamines, ou soudés avec la base de l'ovaire qui est libre et supère.

RENONCULACÉES.

Corolle régulière à 5, rarement 3 à 15 pétales régulières ou irrégulières, rarement nulles. Calice à pétales en nombre égal à celui des sépales ; étamines libres, souvent nombreuses ; hypogines, pistils ordinairement en nombre indéfini insérés sur le réceptacle. Fruit composé de carpelles secs monospermes ne s'ouvrant pas p,enx-mêmes; libres ou de capsules monaspermes ou polyspermes. Plantes herbacées ou sous lihneuses et sermenteuses.

Genre Clematis. — L. Clématite.

Cal. à 4-5 sépales colorées, Pétales nuls. Capsules nombreuses prolongées en queue plumeuse ; tiges grimpantes ; feuilles opposées.

C. Vitalba, L. (Clématite blanche, en wallon Banche); tiges sarmenteuses, grimpantes ; feuilles ailées à folioles ovales-lancéolées, tronquées ou en cœur à la base, grossièrement dentées ou incisées, 4-5 sépales elliptiques oblongs finement velus sur les deux faces. Fleurs blanches en corymbes trichotomes (J^n A^t) ; vivace : haies.

C. Viticella L. C. Bleue, tiges sarmenteuses, styles glabres courts. Plante cultivée pour mener sur les murs et pour berceaux, et se trouve naturalisée sur le talus pierreux du chemin de fer, à la station de Chaudfontaine. Fleurs violettes (en J^n A^t). Vivace.

Genre thalictrum. L. PIGAMON.

Calice à 4 sépales caducs. Corolle nulle Capsules 2-12 striées-sillonnées en long. Feuille 2-3 fois ailées. Thalictrum floris. L. Pigamon jaune, en wallon Rœ des prés, tige très-feuillée, sillonnées de 60 c^{es}, feuilles 2 fois ailées, à folioles oblongues, en coin à la base, lobées au sommet à lobes aigus, capsules 6-12 étamines dressées, obtuses. Fleurs jaunâtres en panicule terminale dressée en bouquet. (J^n A^t) ; vivace: lieux herbeux ou prairies le long de la Meuse.

G. Anémone L. ANÉMONE.

Involucre plus ou moins éloigné de la fleur à folioles incisées. Calice pétaloïde à 5-15 sépales. Corolle nulle; herbes à feuilles radicales pétiolées. Fleurs terminales.

Anémone némorosa. L. A. Sylvie, en wallon, Passe-Fleur. Hampe de 15 à 25 c^{ts}; feuilles un peu velues, à lobes, digitées, découpées comme celles de l'involucre en 3 lobes incisés aigus, écartés de la fleur qui est blanche ou rosée (Av. M^i); vivace : haies, bois.

A. Ranunculoïdes, A. Renoncule. Hampe de 15 à 20 c^{es}, 1 ou 2 feuilles radicales glabres et caduques à 3 lobes digités trifides incisés-dentés, celles de l'involucre qui sont aussi éloignées de la fleur sessiles à 3 lobes sépales; 5-6 elliptiques arrondis. Fleurs jaunes 1 ou 2(M^s Av).vivace:lieux ombragés, Criquion, l'eftai, Becoën, Fraip., Louhau, Pepins. et prairies à Prayon.

A. Hépatica, L. A. Hépatique. Involucre à fol. entières, rapprochées de la fleur. Feuilles radicales trilobées, fleurs bleues ou rouges (en M^s Av.); vivace. Cultivée dans les jardins et a été indiquée rare dans les lieux ombragés de la vallée de la Vesdre.

A. Pulsatilla, A. Pulsatile. Involucre écarté de la fleur, à folioles divisées. Capsule ou fruit terminé par une longue pointe plumeuse, cultivé dans les jardins et peut se trouver sur les coteaux et rochers; fleurs bleues.

Adonis, L. Cal. à 5 sépales, cor. à 5-15 pétales à onglets courts, capsules en épi court.

Estivalis L. (A d'été, wallon : gottes di song). Tiges rameuses, pétales plans, oblongs, ordinairement tachés de noir à la base et une fois plus long que le calice, capsules nombreuses à style ascendant; feuille découpée en lanières linéaires, fleur rouge (Mai Juin), annuelle. Cultivée dans les jardins (et je l'ai observé une fois dans une haie); près d'une maison à Froidthier-Olne.

Ranunculis L. (Renoncule), cal. à 5 sépales. Pétales 5 jaunes ou blancs munis à la base d'une fossette, étam. nombreuses, capsules ovales, mucronées réunies en têtes globuleuses ou allongées en épi,

R. Hederaceus, L. (R. à f^{es} de Lierre).Tige rampante, f^{es} lisses, pétiolées,réniformes,arrondies,à 3-5 lobes peu profonds, obtus; pétales dépassant à peine le calice. Etam. 5-12 capsules glabres, fleurs blanches. petites (M^l J^n) ; marécages, ruisseaux, haut Fraipont, bois de Banneux et Fagnes, près d'une fontaine Louv. et entre Presseux et Lincé.

R. Tripartitus D. C.(R. Tripartite). Pétales dépassant peu ou égalant le calice, fleurs en lanières capillaires, segments resserrés tous ensemble, fleurs très-petites, blanches et jaunes à l'onglet (en été) ; vivace : Fossé à Hansez.

R. Aquatilis. L. (R. Aquatique).Tiges nageantes, feuilles submergées, très-divisées, capillaires, celles hors de l'eau pétiolées à 3-5 lobes en coin, dentées au sommet. Etamines nombreuses, pétales dépassant le calice blancs (Juin Août) ; vivace : fossés à St-Hadelin, Magnée, Wegnez, Séroulle, etc.

R. Fluitans, Lam. (R. Flottante).Lanières des feuilles très longues, flottantes, fleurs blanches, grandes dans les rivières de la Vesdre, l'Ourthe, etc., et les ruisseaux ; fleurs en été (Juin-Juillet) ; vivace.

R. Flamula. L. (R. Flamule); en wallon, Sansoe. Tige de 8-10 pouces, inclinée, presque couchée, radicante à la base ; fleurs radicales oval-lancéolées ou elliptiques entières ou un peu dentelées ; fleurs jaunes assez petites (Mars-Avril) ; vivace : ruisseaux, fossés.

Les renoncules à fleurs jaunes en wallon se nomment pihettes ès lé.

R. Auricaumus   L. (R. Douce, tête d'or). feuilles réniformes dans leur pourtour ; à 3 lobes crénelés ;les supérieures digitées.Tige de 15 à 20 centimètres, fleurs jaunes; viv. : bois couverts.

R Scélératus. L. (R. Scélérate). Feuilles radicales,palmées,trilobées; calice réfléchi ; jeunes fruits, saillants, hors de la corolle en une tête allongée;tige de 35 à 45 cent^{res}. Fleurs jaunes (Juin-Juillet) ; vivace : a été indiquée dans les fossés à Magnée et à Andrimont.

R. Bulbossus. L. (R. Bulbeux). Racines bulbeuses, sépales réfléchis ; feuilles à divisions profondes;fleursjaunes.Tige de 20 à 30 centimètres ; vivace : pelouses, coteaux, etc.

R. Répens L. (R. Rampante, en wallon *Poupéie*).Tige pourvue à la base de rameaux allongés, rampants, s'enracinant. Feuilles ailées, découpées (fl. en M^t J^n); vivace : lieux cultivés, prairies, etc.

R. Acris L. (R. Acre). Plante plus ou moins velue; feuilles à 5 lobes trifides. Tige dressée, de 35 à 45 centimètres ; fleurs jaunes : se trouve presque partout, depuis Mai jusqu'à l'hiver.

R. Polyanthémos L.(R. Multiflore).Feuilles divisées profondément, à cinq divisions, atteignent presque le pétiole ; à lobes à incisions multifides. Tige velue portant beaucoup de fleurs jaunes (M^t S^n); vivace : indiqué dans les bois montueux. Rare.

R. Arvensis L. (R. des champs). Feuilles à folioles linéaires, profondément lobées. Carpelles munis de pointes sur les deux faces. Tige de 20 à 30 centimètres. **Ann.** (Mai-Juin) ; fleur jaune pâle.

R. Philonotis (R. des mares). Feuilles radicales, de 3 ou 5 lobes peu profonds. Tige velue, de 30 à 40 centimètres ; pétales **de** moitié plus longs que le calice ; sépales à la fin réfléchis. Fleur d'un beau jaune (M^l J^n). Lieux frais d'un bois montueux, près Goffontaine et dans le bois, entre Fraipont **et** Louvegnez ; vivace.

Genre Ficaria Dill.

Calice 3 sépales, 9 pétales munis d'une fossette à l'onglet, couverte par une écaille. Carpelles nombreux monospermes.

F. Ranunculoïde Mœnch (Ficaire Renoncule). Feuilles en cœur pétiolées, tige uniflore, fleur jaune (Avril Mai) ; vivace : haies prairies.

_ Caltha L. Calice 5-7 sépales colorés, caducs. Pas de corolles. Carpelles polyspermes disposés sur un rang.

C. Palustris L. (Populage des Marais). Feuilles en cœur, denticulées, pétiolées,

glabres. Tige 20 à 30 c^tres. Fleur beau jaune
(en Avril et Mai) ; vivace : prairies humides,
ruisseaux.

Eranthis Salisb. (Eranthis).

Calice à 5 sépales colorés. Corolle à 5-8 pétales tubuleux à deux lèvres. Carpelles
polyspermes visibles. Feuilles de la tige
formant involucre sous la fleur.

Eranthis Hyémalis Salisb. (Eranthis
d'hiver). Tige portant une seule fleur, placée
dans les feuilles caulinaires, qui est jaune
(en Février et Mars). Ces plantes croissent
éparses dans le jardin d'un château à Fraipont ; dans les bordures, les massifs, les
plates bandes, les sentiers et dans les haies
de deux prairies à 10 minutes de ce jardin.
Naturalisée.

Helleborus L. (Hellébore).

Calice 5 sépales verts, persistants. Cor^lle
à 5-10 pétales tubuleux. Capsules à plusieurs semences.

H. Viridis L. (H. Verte). Tige à deux
divisions, non feuillée sous les rameaux
qui sont biflores ; sépales relevés en cloche,

feuilles profondément divisées, palmées ;
fleurs vertes (en Mars et Avril) ; vivace :
haie à Gelivaux et bois dit Heid de Vesdre,
Fraipont.

H. Fœtidus L. (H. Fétide). Tige feuillée
sous les rameaux; feuilles profondément
divisées à folioles plus étroites que la précédente et d'un vert moins foncé; fleurs
vertes (Février et Mars) ; vivace : coteaux
pierreux, pelouses arides, Remouchamps,
Louvegnez, Hamoir, etc.

Aquilegia L. (Ancolie).

Calice à 5 sépales colorés, caducs. Corolle
à 5 pétales prolongés en cornet recourbé.
Carpelles polyspermes. Feuilles à divisions
profondes.

A. Vulgaris. (Ancolie vulgaire), en wallon
aucolette. Feuilles ternées, à folioles lobées,
trifides. Tige 50 à 70 centimètres. Fleurs
bleues, blanches ou jaunâtres (Mai à J^{llet}) ;
vivace : bois montueux, haies, bois, prairies,
à Haute-Fraipont, etc.

G. Delphinium L. (Dauphinelle ou Pied
d'Alouette).

Calice à 5 sépales colorés, inégaux, le

supérieur en éperon. Corolle à 4 pétales, les deux supérieurs prolongés en éperons inclus dans celui du calice. Souvent 1 carpelle par avortement. Feuilles sessiles très-découpées.

Delphinium consolida L. Bractées plus courtes que les pédoncules ; fleurs bleues (Juin Juillet) Ann. : dans les champs et les moissons ; prés Hansez et au-dessus de la Nouvelle-Montagne ; Forêt.

Aconitum L. (Aconit). Calice à 5 sépales colorés, caducs, le supérieur en capuchon. Corolle à 5 pétales très-irréguliers, les deux supérieurs à onglet allongé, dilaté au sommet, roulés en crosse et cachés dans la foliole supérieure du calice.

A. Lycoctonum L. (Aconit tue-loup). En wallon *sabots*. Feuilles palmées, pétiolées. Tige de 60 à 90 centimètres, fleurs jaunâtres (J^n A^t) ; vivace : tous les bois de Fraipont, les plus rapprochés de la Vesdre, etc.

Actéa L. (Actée).

Calice à 4 sépales colorés, blancs, très-caducs. Corolle à 4 pétales qui ressemblent à peu près aux étamines par leur forme. Baie à une loge ; solitaire.

Actéa Spicata L. (Actée en épi). Feuilles 2-3 fois ailées, pétiolées, glabres et dentées. Tige de 30 à 40 centimètres; fleurs blanches (Juin-Juillet) : bois montueux, calcaires, haies Colonhé, Steppe, Fraipont, Havée, Olne et Hansez.

BERBÉRIDÉES.

Fleurs hermaphrodites. Calice à 6 sépales. Corolle à 6 pétales sur 2 rangs. Etamines 6, opposées aux pétales. Baie à 2 noyaux.

Berberis L. (Epine-Vinette). Arbrisseau épineux ; fruits rouges en grappes pendantes.

B. Vulgaris L. (Epine-Vinette commune en wallon *ardis penne*). Feuilles ovales, dentées, réunies par trois ou 4 ; arbrisseau épineux à bois jaune ; fleurs jaunes en grappes (Mai-Juin); vivace : bois montueux Colonhé, Le Charneux, à la station Fraipont, Froiheid, St-Hadelin, Olne, entre Comblain et Poulseur et sur des rochers boisés près Limbourg.

CARYOPHYLLÉES.

Fleurs hermaphrodites, régulières. Calice à 4-5 sépales, 5 pétales rétrécis en onglet, alternant avec les sépales ; plantes herbacées. Feuilles opposées et entières, étamines en nombre égal ou double de celui des pétales. Styles 2-5. Fruit capsulaire.

Dianthus L. (Œillet).

Calice tubuleux, cylindrique, muni de 4 écailles à la base. Pétales à onglet long. Styles 2. Capsule à 1 loge et à 4 dents. Feuilles opposées.

D. Prolifer L. (Œ. prolifère). Feuilles étroites, glabres, finement dentées. Tige dressée, noueuse, de 30 à 35 centimètres. Corolle très-petite, peu visible. Ecailles intérieures égalant ou dépassant le calice. Fleurs rouges (Juin à Août) ; vivace : lieux arides, Steppe, Nomabaie, Fraipont.

D. Arméria L. (Œ. velu). Ecailles de la base du calice herbacées, velues, ainsi que les feuilles. qui sont linéaires et un peu obtuses. Fleurs rouges (Jt At) ; vivace : bords des bois, pelouses.

D. Barbatus L.. Feuilles lancéolées; fleurs réunies en faisceau ou bouquet serré, qui sont roses, tachetées et à pétales dentées (Mt Jn) ; vivace : trouvé une grosse touffe dans un bois montueux à 10 minutes de toute habitation, à Colonhé Fraipont.

G. *Saponaria* L. (Saponaire).

Calice cylindrique ou anguleux à 4-5 dents. Pétales à onglet long. Styles 2, capsules à 4 dents. Feuilles opposées.

S. Officinalis L. (S. officinale). Feuilles sessiles, lancéolées, ovales, glabres. Calice cylindrique ; souche ou racine traçante. Fleurs blanches ou rosâtres (J^n J^t) ; vivace : bords de la Vesdre.

S. Vaccaria L. (S. des vaches). Feuilles élargies à la base. Racine pivotante ; calice anguleux, ailé. Fl. blanches ou rosâtres. Annuel : a été indiqué dans les moissons près Fraipont.

G. *Siléna* L. (siléné).

Calice tubuleux, plus ou moins renflé ; à 5 dents. Pétales ordinairement bifides, à onglet long et munis de deux écailles à la gorge. Etamines 10. Styles 3 ; capsules à 3-4 loges et à 6 dents. Feuilles opposées.

S. Inflata Sm. (Silène enflée, en wallon *pélard*). Feuilles sessiles, lancéolées, spatulées, glabres, ainsi que la tige qui est un peu ascendante et a de 40 à 60 centimètres; fleurs blanches (en J^n J^t) ; vivace : champs, moissons.

S. Gallica L. (S. de France). Plante grêle, rameuse, velue. Fleurs presque en épi, alternes, unilatérales ; pétales entiers, aigus. Fleurs rougeâtres, claires, dressées en grappes (J^n J^t) ; annuel : trouvé plusieurs pieds dans un champ de seigle en 1872.

S. Anglica (S. d'Angleterre). Plante velue, tige rameuse ; feuilles lanc. aiguës ; fleurs latérales, dressées, alternes; calices renflés, à 10 stries, à dents aiguës, longues; pétales petits, comme incisés. Fleurs blanches (J^t A^t) ; ann. : trouvé deux ou trois ans de suite dans les moissons d'un terrain montueux à Haute-Fraipont.

S. Nutans L. (S. penché). Feuilles lanc., linéaires, spatulées ; tige de 25 à 30 cent^{res}. Fleurs blanches un peu sales (Mai à Août); vivace : rochers, lieux pierreux, Goffontaine, Heid de Halinsart, Fraipont. Coucoumont.

S. Armeria St. Tige de 30 à 45 centimètres, visqueuse et noueuse ; feuilles ovales oblongues, terminées par une petite-pointe.

Fleurs rouges (en Jⁿ-J') ; dans un champ de
trèfle à Charneux-Fraipont.

G. Mélandryum Rœhl.

Calice tubuleux, plus ou moins renflé.
Pétales à onglets longs, style 5 ; feuilles
opposées. Capsules à 10 dents. Fl. dioïques
ou hermaphrodites.

M. Pratense Rœhl. (Mélandre des prés)
compagnons blancs. Plantes de 60 à 70 c^{tres};
ferme, blanchâtre, un peu pubescente ;
feuilles ovales, lancéolées, d'un vert gai.
Calice à 10 nervures, pétales à 2 lobes ;
capsules à dents dressées à la maturité.
Fleurs blanches, dioïques, pédonculées
(Mai-Juin) ; vivace : trèfles aux environs
d'Olne et entre Jupille et Liége.

M. Sylvestre (M. des bois). Compagnons
rouges. Capsule à bords roulés en dehors,
feuilles velues, entières, ovales, lancéolées;
tiges 40 à 60 c^{tres}, fleurs rouges (Mai Juin) ;
vivace : dans les haies.

G. Lychnis Tournef. (Lichnide).

Calice tubuleux à 5 dents. Pétales longuement onguiculés ; styles 5, capsule à 5

dents ; fleurs hermaphrodites ; f^{lles} opposées.

Lychnis Flos-cuculi L. (fleur de coucou). Tige de 30-40 c^{es} presque glabre ; rouge aux nœuds ; feuilles lanc.-linéaire, glabres ; pétales laciniés. Fleurs purpurines en panicules. Capsule sessile (fl. en Jⁿ J^{llet}) ; vivace : prairies humides.

L. Viscaria L. (visqueux). Tige de 30 à 40 centimètres, visqueuse. Feuilles vert foncé, linéaires, lancéolées ; les inférieures comme en spatule. Fleurs rouges (en Juin Juillet) ; vivace : rochers, bois montueux, devant Prayon et entre Sounier et Aywaille.

L. Githago Lam. (L. Nielle ; nielle **des** blés, en wallon *fleurs du Lion*). Tige environ 1 mètre, hérissée, dichotome ; fl^{les} longues, linéaires. Calice plus long que la corolle qui est rouge (en Juin Juillet). Annuelle : dans les moissons. On trouve quelquefois, dans les moissons à Haute-Fraipont, une variété qui n'a que 2 ou 4 pouces et à fleurs très-petites (variété Minor).

G. Spergularia Person (Spergulaire). Pétales entiers, styles 3. Feuilles munies de stipules scarieuses et opposées.

S. Ségétalis Fenzl. Tige dressée de 15 à 25 centimètres, feuilles subulées, fleurs blanches (Mai Juin). Annuelle : coteaux, moissons, Magnée, Denier, etc.

S. Rubra Pers. (S. rouge). Tige assez petite, couchées ; feuilles filiformes, fleurs rouges, petites, devenant blanches en séchant (fl. en Jⁿ Jᵗ). Ann. : bords des chemins montueux, lieux pierreux, Haute-Fraipont.

G. Spergula L. (Spargoute). Pét. entiers, styles 5. Capsules à 5 valves. Fˢ stipulées, opposées.

S. Arvensis (S. des champs). Tiges 20 à 25 centimètres, étalées, feuilles linéaires, verticillées, offrant un sillon en dessous. Fleurs blanches (en Jⁿ Jᵗ). Ann. : lieux cultivés, bords des chemins.

G. Sagina L. (Sagine). Pétales entiers, quelquefois très-petits ou nuls. Styles 4-5. Feuilles sans stipules.

S. Procumbens L. (Sag. couchée). Plante couchée, verte et glabre ; feuilles linéaires mucronées; pétale plus courts que le calice; fleurs blanches (Avril Aᵗ). Ann. : murs, lieux ombragés.

S. Cilicata Strail. Tig. filiformes de 10 à 20 cᵗʳᵉˢ étalées, feuilles capillaires ; fleurs nombreuses, blanches : champs après la moisson, Hᵗᵉ Fraip. etc.

G. Alsine Wahl. (Asine).

Pétales entiers. Styles 3. Feuilles sans stipules.

A. Tenuifolia Wahl. (A. à feuilles menues). Tiges 10-20 c[tres], filiformes, très-rameuses. Pétales plus courts que le calice, feuilles raides, fines; fleurs blanches. (M[t]. J[n].) Ann.: moisson.

A. verna Bartl. Plante formant des gazons, dressée ; feuilles dressées, linéaires, subulées, à 3 nervures. Pétales plus longs que le calice, blancs (J[n]. J[t].); viv.: pelouses, à Rocheux-Theux.

G. Holosteum L. (Holostée).

Pétales denticulés. Styles 3. Capsules à 6 dents.

H. umbellatum L. (H. en ombelle). Pl. de 30 à 25 c[tres] un peu glauques ; pédicelles velus, visqueux, se réfléchissant à la maturité, feuilles oblongues, fleurs blanches. (Av); Ann. : lieux arides, à Nomabaie, Fraipont, près le talus.

G. Arenaria L. (Sabline).

Pétales entiers ou très-peu lobés. Capsules à 4-6 dents. Fleurs en panicule.

A. trinervia L. (S. à trois nervures). Tiges ascendentes de 25 à 30 c^{tres}, pubescentes, rameuses, feuilles pétiolées, ovales, aiguës, à 3-5 nervures ; sépales plus longs que la corolle, qui est blanche (Av. J^t). ann.: plante commune dans les lieux couverts et humides de la H^{te} Fraipont.

A. serpyllifolia L. (S. à feuilles de serpolet). Plante de 10 à 15 centimètres, diffuse, feuilles sessiles, ovales, aiguës, ciliées, à 3 nervures peu visibles; sépales plus longs que les pétales, qui sont blancs. (M^t J^n) ; ann..: lieux arides, champs, murs.

G. *Stellaria* L. (Stellaire).

Calices à 5 sépales ; pétioles 5, bifides, styles 3. Pédoncules défleuris, souvent réfléchis; feuilles opposées.

S. Nemorum L. (S. des bois). Plante de 30 à 40 centimètres, ascendante, pubescente feuilles inférieures pétiolées, ovales, les supérieurs ovales, lancéolées sessiles; pétales plus longs que le calice, blancs, (J^n J^t). Ann. : ruisseaux couverts, Fraipont, etc.

S. media Sm. (S. intermédiaire, en wallon *Moron*). Tige couchée, ascendante, diffuse;

feuilles ovales ; pétales ne dépassant pas le calice; fleurs presque toute l'année blanches : jardins, lieux cultivés, etc.

S. holostea L. (S holostée). Tige 30 à 50 centimètres, tétragone raide, feuilles linées lancéolées, dentelées, rudes au bord; pétales bilobés, plus longs que les sépales. Fleurs blanches en panicules (M^l J^n) ; viv. : haies, bois.

S. graminea L. (S. graminée). Plante de 30 à 45 centimètres, tombante, tige lisse, feuilles linéaires, subulées, pétales bifides dépassant à peine les sépales ; bractées ciliées. Fleurs blanches en panicules, divariquées terminales, (J^n J^t) viv. : bois haies.

S. uliginosa Murr. (S. aquatique). Plante de 15 à 25 centimètres, glabre, courtes ; feuilles oblongues, lancéolées, lisses, pét. plus courts que le calice, blancs et petits. (Av. J^n) ; vivace : ruisseaux de la H^{te} Fraip. et de la Vallée de la Vesdre.

G. *Cerastium* L. (Céraiste).

Sépales 5, pétales 5, bifides. Styles 5, capsules à 10 dents, feuilles opposées.

C. triviale Link, C. vulgatum L. (C. commun). Tige dress., ord., ascend., pub., f^{elles}

ovales, fleurs blanches à pédicules courts et à pétales égalant le calice. (M^i à Sep) ; ann. : prairies et autres lieux herbeux.

C. semidecandrum L. (C. à 5 étamines). Tige de 15 à 25 cent., grêles, feuilles ovales, velues ; fleurs blanches : lieux arides.

C. obscurum Chaub. (C. Obscure). Tige aseendante, de 20 à 25 centimètres, feuïlles ovales d'un vert sombre, fleurs blanches ; bractées à bords scarieux (J^n A^t) ; ann. : chemins, etc.

C. Arvense L. (C. des champs). Plante rampante, pubescente. Tige de 10-20 cent^{res} couchée, ascendante ; feuilles linéaires lancéolées. Corolle une fois plus longue que le calice, fleurs blanches (Avril Sep.) ; vivace : lieux arides, coteaux.

C. Aquatique L. Tige de 30 à 50 centim^{res} tombante, diffuse ; feuilles en cœur, les inf^{es} pétiolées, les supérieures sessiles. Pétales à peine plus longs que le calice ; fl. blanches à pédoncules axillaires et terminaux (J^n J^t) ; vivace : bords de Vesdre, etc.

LINÉES.

Sépales 4-5 persistants ; pétales 4-5 alternant avec les sépales. Etamines hypogynes, 3-5 fertiles les autres avortées. Styles 3-5. Stigmates en capitule ou linéaires.

G. *Linum* L. (Lin).

Cinq sépales libres, étamines 5 fertiles. Styles 5. Capsules à 10 loges, à 10 graines.

L. Catharticum L. (Lin purgatif). Tige de 10 à 15 centimètres, grêle, feuilles opposées, ovales, lancéolées. Pétales un peu aigus, fleurs blanches, petites (en Mai Septembre). Ann. : coteaux secs et pelouses.

L. Usitatissimum L. (Lin cultivé). Tige de 30 à 50 centimètres, dressée, feuilles linéaires lancéolées alternes. fleurs blanches (J^n J^t) ; ann. : lieux herbeux, bords des chemins, graviers. Rare.

G. *Radiola* Gmel. (Radiole).

Calice à 4 divisions bi-outrifides, pétales, étamines fertiles et styles 4. Capsules à huit loges à 8 graines.

Radiola Linoïdes (R. Faux-lin). Tige de 3 à 10 centimètres filiforme, feuilles ovales, opposées. Fleurs blanches, petites (J^n A^t) ; ann. : lieux humides et sablonneux, entre Spa et Francorchamps.

OXALIDÉES.

Calice à 5 sépales ou à 5 divisions régulières, corolle à 5 pétales libres ou un peu soudés à la base. Etamines 10 soudées inférieurement. Styles 5, libres ou soudés à la base. Fruit à 5 loges polyspermes. Feuilles alternes à 3 folioles.

G. *Oxalis* L. (Oxalide).

Calice à 5 divisions ou sépales ; pétales 5 égaux; étamines 10. Styles 5. Caps. oblong. pentagonales.

Oxalis acétosella L. (O. petite oseille, en wallon *fleurs di coucou*). Racine articulée; hampe de 5 à 10 centimètres, filiforme, feuilles ternées à folioles obcordée, fleurs blanches ou rosées (de Mars à Mai) : lieux ombragés, haies.

O. Stricta L. (O. droite). Tige de 20 à 30 centimètres, dressée; feuilles ternées, pédoncules à plusieurs fleurs jaunes (en Av. S^{re}); vivace : lieux cultivés.

O. Corniculata L. (O. Cornue). Tige 20 à 30 c^{rs}, couchée, radicante, diffuse. Stipules très-petits ; fleurs jaunes (Av. S^{re}) ; vivace : a été remarquée dans les lieux cultivés.

BALSAMINÉES.

Fleurs irrégulières. Calice à 4 sépales caducs, inégaux, les 2 latéraux conformes, très-petits ; les deux inférieurs colorés, pétaloïdes, l'un dirigé en dehors en forme de casque, l'autre en dedans en forme de cornet prolongé inférieurement en éperon. Corolle 4 pétales inégaux, soudés à paire iuférieurement. Etamines 5. Stigmate sess. entier ou à 5 lobes. Fruit à 5 loges polysp.

G. *Impatiens* L.

Pédoncules à 2-4 fleurs, feuilles alt., caps. glabres.

Impatiens-Noli-tangere L. (impatiente n'y-touchez-pas). Tige 40 à 60 centimètres à nœuds gonflés, feuilles ovales, dentées, éperon crochu, fleurs juanes, pendantes, (J^t Sep.) ; ann. : ruisseaux couverts, Haute Fraipont, etc.

GÉRANIACÉES.

Cal. à 5 sép. libres. Cor. à 5 pét. égaux ou peu inégaux. Etam. 10 sur 2 rangs, les extérieurs plus courtes, quelquefois pas

d'anthères. Styles 5, soudés avec un prolon-
g^t. de l'axe. Fruit sec à 5 carpelles monospermes terminé par une longue pointe
en forme de bec.

G. *Geranium* L'Hér. (Géranium).

Pétales égaux et sépales 5, étam. 10. Bec
du fruit se détachant de l'axe de la base au
sommet, s'enroulant en cercle.

G. Sanguineum L. (G. Sanguin). Tige de
30 à 40 centimètres, hérissée, divergente,
diffuse; feuilles orbiculaires à 5-7 lobes
trifides; pédoncules, à 1 fleur rouge grande
(M^i Sep.) viv. : sur le talus d'un chemin près
la station de Nessonvaux.

G. Columbinum L. (G. Colombin). Tige
tombante de 35 à 45 centimètres, feuilles à
5 lobes lanc., inc., pétales échancrés dépassant le calice, capsules glabres, pédoncules
à 2 fleurs rouges peu rayées, (J^n A^t); vivace:
lisières des bois, rochers, etc.

G. dissectum L. (G. découpé). Tiges dif-
fuses, pédoncules à 2 fleurs, plus courts que
les feuilles, à 5 lobes, linéaires, trifides.
Pétales échancrés égalant le calice, fleur
rouge, (J^n A^t); vivace : moissons, lieux cultivés.

G. pusillum L. (G. Fluet). Tig. variables de hauteur, redressées, molles, un peu velues, feuilles molles, velues, pétiolées, orbiculaires, à 7 lobes trifides ; les supérieures aiguës, pét. échancrés dépassant à peine le calice. Fleur bleu-rougeâtre pâle, petites. ($M^1 J^n$) ; ann. : lieux incultes.

G. molle L. (G. à feuilles molles). Tige de 25 à 35 centimètres, diffuse, velue, soyeuse. Feuilles arrondies, réniformes, lobées, crénelées, plus courtes que les pédoncules qui sont opposés aux feuilles ; pétales un peu bifides égalant le calice ; capsules ridées, glabres ; fleurs purpurines (Mai Août) ; ann. : lieux pierreux, haies.

G. Pratense L. (G. des prés). Tige 40 à 60 centimètres, feuilles à 7-9 divisions très-profondes, presque pinnatifides, à lobes incisés, dentés, pétales arrondis, entiers, doubles du calice ; pédicelles fructifères refractés. Fleurs bleues, grandes (Juin J^t) ; vivace : prairies humides aux environs du château de Fraipont. Rare.

G. Lucîdum L. (G. luisant.) Tige rougeâtre, glabre et dressée ; feuilles arrondies, luisantes, à 5 lobes peu profonds. Fleurs rouges (Mai Juin) ; ann. : pied des rochers, sous Limbourg.

G. Robertianum L. (G. Herbe-à-Robert, en wallon *roge responce*). Tige rougeâtre et velue, dressée, étalée ; feuilles à 3 ou cinq lobes pinnatifides. Calice velu, pétales entiers, rouges : lieux pierreux, ombragés et haies.

G. *Erodium* L'Hérit. (Erodium).

Capsules à bec long surmontés d'arêtes à barbes en dedans et s'enroulant en spirale à la maturité des coques.

E. Cicutarium L'Hérit. (E. à feuilles de ciguë). Tige de 12 à 20 centimètres, glabre, faible, souvent rougeâtre, feuilles pinn. dentées, sessiles, pédoncules multiflores; plante sans odeur, fleurs rouges (Mai Août); ann. : lieux ombragés.

E. Moschatum Wild. (E. musqué). Tige tombante, glabre ou glanduleuse, pubescente. Feuilles ailées, subpétiolées, assez grandes, ovales ou obl., incisées, dentées; pétales égaux, dépassant peu ou égaux au calice. Fleurs rouges, petites, à odeur musquée (Mai S^{re}) ; ann. : lieux pierreux, pied des murs.

MALVACÉES.

Fleurs régulières, calice double ; l'intérieur monosépale à 3-5 divisions, l'extérieur polysépale ou monosépale. Etamines nombreuses soudées en un corps qui recouvre l'ovaire ; anthères unilobés. Styles soudés en colonne. Fruits disposés en verticille.

G. *Malva* L. (Mauve).

Calicule à 3 folioles ; fruit composé de capsules nombreuses verticillées, à une graine.

M. Rotundifolia L. Tige couchée, grêle. Feuil^les en cœur, arrondies, à 5-7 lobes dentés. Corolle égalant le calice ; fleurs à l'aisselle des feuilles, rosées (J^n S^re) ; ann. : bords des chemins, lieux incultes.

M. Sylvestris L. (M. sauvage, en wallon *Frumhion, sauvage mauvlette*). Tige ordinairement dressée, de 30 à 50 centimètres ; feuilles à 5-7 lobes prononcés. Les supér^es palmées, tronquées à la base ; fleurs rouges assez grandes (J^n S^re) ; viv. : mêmes lieux que la précédente et haies.

M. Moschata L. (M. musquée). Tige presque

dressée, feuilles divisées jusqu'au pétiole, à divisions étroites, linéaires, les inférieures réniformes, incisées. Fleurs roses, rayées, assez grandes (Jⁿ S^{re}); vivace : coteaux, bois, prairies.

M. Alcéa L. (M. Alcée). Tige de 40-70 c^m dressée, pubescente ; feuilles un peu rudes, les inférieures anguleuses, les supérieures à 5 lobes écartés, peu profonds, crénelés ou dentés ; fleurs roses, grandes, axillaires (Jⁿ Sep.) ; ann. : depuis plusieurs années, j'en ai rencontré quelques pieds dans un lieu cultivé à Haute Fraipont.

M. Crispa L. (M. Crispée). Tige de 80 c^{es} à 1 mètre et plus ; feuilles glabres, presque rondes, anguleuses, dentelées ; crispées surtout sur les bords. Fleurs axillaires, petites, sessiles, agglomérées et rougeâtres (Juillet A^t) ; ann. : on en jette une quantité chaque année hors d'un petit endroit cultivé joignant au chemin de fer à Fraipont, et dans un jardin.

Althéa officinalis (Guimauve cultivée, en wallon *blanque mauvlette*). Est cultivée dans presque tous les jardins de nos environs.

TILIACÉES.

Fl. régul·, Cal. à 5 sépales libres ; **étam.**
nombreuses, styles soudés en un. Capsules
contenant plusieurs graines. Arbres ou arbrisseaux.

G. *Tilia* L. (Tilleul). Cal. 4-5 sép. caducs ;
5 pétales ; ovaire à 5 loges.

Tilia sylvestris Desf. Arbre élevé, feuilles
presque en cœur, accuminées, un peu barbues à la base des nervures, fr. coriace ; fl.
jaunâtre en Corymb. (J^n J^t) : bois montueux
et cultivé.

T. platyphyllos Scop. T. à grandes feuilles,
Arbre à feuilles pubescentes d'un vert gai,
un peu pâles en dessous ; pédonc. ord. à 3
fleurs jaunâtres, odorantes : trouvé parfois
cultivé près des maisons de campagne.

POLYGALÉES.

Fleurs irrégulières. Calice 5 sépales très-
inégaux ; deux latéraux, ordinairement
grands pétaloïdes ; pétales 3 ; étendard
contigu et soudé en tube à la base avec
l'inférieure ou carène. Etamines 8, à filets
soudés aux pétal. Style 1. Stygmate 1. Caps.
biloculaire à loges à une graine.

G. Polygala L.

Mêmes caractères que ceux de la famille; feuilles entières ; fleurs en grappes, à bractées caduques.

P. Vulgaris L. (P. vulgaire). Tiges 15à 20 centimèt^{res} dressées ou ascendantes; feuilles inférieures plus petites, éparses, lancéolées en spatule ; les supérieures linéaires, lancéolées; ailes du calice égalant la corolle. Fleurs en grappes terminales, bleues, blanc. ou roses (Maï Juin) ; viv. : bruyères, bois montueux, pelouses, etc.

P. Depressa Wend. (P. déprimé). Tige plus couchée que la précédente ; feuilles supérieures opposées. Fleurs bleues en deux ou trois grappes terminales : bruyères humides, Fraipont et Ardennes.

ACÉRINÉES.

Calice et corolle à 5 rarement 8-9 divisions régulières, insérés sur le même disque. Etamines 5-12 insérées sur le disque. Styles soudés à la base. Fruit sec, à deux coques. Arbres à feuilles opposées.

G. Acer L.

Calice à 5 lobes, pétales 5 plans, étalés. Etamines 8, rarement 5-9.

A. Campestre L. (Erable des champs, en wallon *bois d'pae*). Arbre de médiocre grandeur ; feuilles en cœur à 5 lobes obtus ; écorce gris rougeâtre fendillée. Fleurs verdâtres en grappes dressées en corymbe : haies, bois.

A. Pseudo-Platanoïdes (E. Plane, en wallon *bois d'coq*). Arbre élevé. Feuilles palmées, à 5 lobes aigus, bordés de dents blanches, cotonneuses en dessous, jeunes. Fleurs verdâtres, en grappes pendantes (Avril Mai) ; viv. : bois montueux, Fraipont, etc., etc.

E. Platanoïdes L. Arbre de 9 à 14 mètres ; feuilles glabres vert-jaunâtre à lobes peu profonds ; fleurs jaunes en bouquets redressés à la fin : bois ; rare et cultivé.

CÉLASTRINÉES.

Fleurs régul^{es}, souvent hermaphrodites. Calice 4-5 sépales soudés à la base. Corolle 4-5 sépales insérés au bord d'un disque épais. Etamines 4-5 libres sur le disque.

Styles soudés ensemble. Fruit à 4-5 loges à 2 semences.

G. *Evonymus* L. (Fusain).

Corolle à 5 pétales. Capsule colorée à 5 angles.

E. Europæus L. (Fusain d'Europe, en wallon *chapai d'priesse*). Arbrisseau de 2 à 3 mètres; feuilles lancéolées ovales, dentées. Fleurs verdâtres, fruits roses (Mai Juin) ; viv. : haies, bois.

HYPÉRICINÉES.

Fleurs régulières. Calice à 5, rarement 4 sépales, souvent libres. Corolle à 5, rarem^t 4 pétales. Etamines nombreuses, réunies en 3-5 corps opposés au pétales. Style 3-5. Fruit à plusieurs loges, rarem^t une. Plantes vivaces à feuilles opposées.

G. *Hypericum* L. (Millepertuis).

Sépales presque égaux. Capsules à 3-5 semences.

H. Humifusum L. (M. couché). Tiges couchées de 20 à 30 centimètres, grêles, filif. ;

féuilles oblongues percées de glandes et ponctuées sur les bords ; fleurs jaunes (Mai Sept.) ; viv. : champs, bords des chemins, bois.

H. Perforatum L. (M. perforé, en wallon *fleur di Vierge-Maraie*). Tige de 30 à 50 c^{m} présentant deux lignes saillantes marquées de points noirs ; feuilles ovales, percées de points transparents.

H. Quadrangulum L. (M. à 4 angles). Tiges à 4 lignes peu saillantes ; feuilles ovales, non traversées de points ; fleurs jaunes en corymbe (Juin Août) ; viv. : bords des bois et champs.

H. Tetrapterum Fries. (M. à 4 ailes). Tiges offrant 4 lignes très-saillantes ; feuilles ov. arrondies, glabres, percées de points luisants. Fleurs jaunes en panicule terminale (J^n A^t); viv. : ruisseaux, bois et prés hum^s.

H. Pulchrum L. (M. élégant). Tige glabre de 20 à 35 centimètres ; feuilles complex. cordées, glabres. Fleurs jaunes (J^n A^t); viv.: bois et bruyères.

H. Montanum (M. des montagnes). Tige glabre de 20 à 35 centimètres; feuilles ovales, oblongues ; folioles du calice marquées de points noirs bien visibles ainsi que les f^s ;

fleurs jaunes (J^n A^t) ; viv. : bois montueux, Colonhé-Fraipont.

H. Hirsutum L. (M. velu). Tige velue, feuilles ovales, velues, munies de points luisants. Fleurs jaunes (J^n A^t) ; viv. : bois.

DROSÉRACÉES.

Fleurs régulières. Calice à 5 sépales. Corolle à 5 pétales. Etamines 5 ou 10 libres. Styles 3-5 libres, entiers ou bifides. Stigm^{es} entiers ou échancrés, fruit à plusieurs semences.

G. *Drosera* (Rossolis).

Pétales 5. Styles 3, rarement 4-5 bifides. Fruit à 3, rarement 4-5 valves. Feuilles à face supérieure et à bord chargés de poils glanduleux rouges.

Drosera Rotundifolia L. (Rosée du Soleil). Hampe de 6 à 10 c^{tres} poilue ; f^{es} orbiculaires ; fleurs blanches (J^n A^t) ; vivace : marais des bois et des bruyères, Fraip., Louv., Theux, Spa, etc.

G. *Parnassia* Tournef. (Parnassie).

Pétales 5, caducs, munis d'écailles frangées. Stigmates 4. Capsules à 4 valves ; f^{es} glabres, coriaces.

Parnassia palustris L. (P. des marais). Tige de 15 à 25 c^{es}; f^{es} radicales, pétiolées en cœur, entières ; fleurs blanches, solitaires, terminales (Jⁿ A^t) ; viv. : a été indiqué dans les prairies marécageuses de Dolhain et de Stembert, à Stockeu-Olne.

PYROLACÉES.

Fleurs régulières. Calice à 5 sép. soudés à la base. Corolle à 5 pétales libres, égaux. Étamines 10 libres. Styles soudés en un ; fruit à 5 loges, à plusieurs semences; feuilles toutes radicales ; fl. blanches en grappes.

G. *Pyrola* Tournef.

Corolle à 5 divisions profondes ; fruit à 5 loges.

P. Rotundifolia (Pyrole à feuilles rondes). Tige de 15 à 30 c^{es}; feuilles presque rondes, épaisses. Style arqué, ascendant, plus long que les pétales; fleurs blanches (Jⁿ A^t); viv.: endroit couvert d'un bois, Fraipont.

P. Minor L. Tige de 15 à 25 c^{tres} dressée ; feuilles ovales, arrondies, entières ou peu denticulées, épaisses, pétiolées ; fl. à divis. peu étalées, bl. (en Mai Juin) ; viv. : bois,

sur la bruyère, Fraipont, derrière Prayon
et Foret.

RÉSÉDACÉES.

Calice à 4-6 sépales. Corolle à 4-6 pétales
inégaux, les supérieurs découpés. Etamines
dix et plus ; fruit à une loge, à plusieurs
semences, ouvert.

G. Réséda.

Pétales inégaux, feuilles alternes.
Rézéda luteola L. (Rézéda Gaude). **Tige**
de 60 à 75 centimètres, dressée ; feuilles linéaires, lancéolées, entières, comme ondulées. Calice à 4 divisions. Fleur jaune verdâtre, en épis. (Mai, Juin) ; ann. : bords des
chemins ; lieux incultes et arides.
R. lutéa L. (R. jaune). Tige 30 à 50 cent.,
étalée ; feuilles profondément découpées.
Calice à 6 divisions ; fleur jaunâtre (M^i J^n):
lieux pierreux, Prayon, Herstal.

NYMPHÉACÉES.

Fleur régulière, calice à 4-5 sép. libres.
corolle à pét. nombreux, soudés à l'ovaire,

disposés sur plusieurs rangs. Etam. nombreuses, libres Stigmates nombreux, un peu étalés, formant un plateau. Fruit gros, à loges nombreuses, à plusieurs semences. Plante aquatique.

G. Nymphœa Sm. (Nénuphar).

Calice à 4 sép., corolle à pétales sur plusieurs rangs. Etam. insérées sur l'ovaire ; fruit cicatrisé.

N. alba L. (Nénuphar blanc). Feuilles en cœur, entières. Calice à 4 feuilles, plus courtes que les pétales ; fleurs blanches, grandes à la surface de l'eau, (en J^n Juill^{et}) ; vivace : dans les étangs, des mazures, sans doute cultivés.

G. Nuphar Sm. (Nuphar).

Calice à 5 sépales. Corolle à pétales sur 2 rangs ; étam. insérées sous l'ovaire ; fruit lisse.

N. luteum Sm. (N. jaune). Feui^{lles} en cœur, arrondies, grandes, nageant sur l'eau, longuement pétiolées ; fleurs jaunes : dans les fossés à Herstal, Ile Moncin, Jupille et Colonster, (J^n J^t).

PAPAVÉRACÉES.

Fleurs régulières. Calice à 2 sépal., libres. Corolle à 4 pétales caducs. Étamines nombreuses. Stigmat. 2, persistants, rayonnants, sur un plateau qui surmonte l'ovaire. Fruits secs à plusieurs semences, globuleux ou oblongs. Plantes à jus laiteux.

G. Papaver. Tournef. (Pavot).

Stigmates 4 à 20, disposés en rayon sur un plateau qui déborde l'ovaire ; fleurs ordinairement rouges, grandes.

P. Rhœas L. (Pavot coquelicot, en wallon *roge pavoir*). Tige de 30 centimètres et plus; feuilles pinnatifides. Capsule arrondie ; pédicelles à poils étalés; fleurs rouges, grandes tachées de noir à la base ; annuelle. ($J^n J^t$) : moissons, lieux cultivés.

P. Dubium L. (P. Douteux). Tige un peu moins haute que la précédente ; feuilles bipinnatifides; capsules allongées, sans poils; pédoncules à poils appliqués. Fleurs rouges, plus petites, même floraison etc. : coteaux, lieux pierreux, moissons, etc.

P. Argemone (P. Argémone). Tige 30 à 40

c⁸⁹ ; feuilles 2 ou 3 fois pinnat⁸⁹. Capsule oblongue, rétrécie à la base ; fleurs rouges, petites : même floraison et se trouve dans les mêmes lieux.

P. Somniferum L. (Pavot blanc, en wallon *blanc pavoir*). Feuilles embrassantes, plantes glabres ; fleurs blanches rayées de rose, à pétal. quelquefois frangés. Cultivé, et se trouve sur les décombres.

G. *Chelidonium* Tourn. (Chélidoine).

Stig. 2, soudés à la base ; caps. linéaires à une loge ; fleurs jaunes, plus petites que les précédentes.

C. Massus L. (Grande chélidoine, en wallon *sologne*). Tige de 30 à 60 c⁸⁹ ; feuilles glabres, ailées, à segments lobés. Fl. jaunes (Mai J¹) ; viv. : haies, vieux murs, décomb.

FUMARIACÉES.

Fleurs irrégulières. Calice à 2 sépales dentés, libres. Corolle à 4 pétales inégaux, prolongés en éperon. Etamines 6 à filets soudés presque jusqu'au sommet en 2 faisceaux opposés. Styl. soudés en un, filiformes ; fruit à 1 loge ; feuilles composées, alternes.

G. Corydalis D. C. (Corydale).

Fruit en forme de silique, aplati, à plusieurs semences munies d'un appendice.

C. lutea L. (C. jaune, en wallon *roe di
meur*). Tige diffuse, racines fibreuses; f^{es} 2
fois ailées ; pédicelles égalant la capsule.
Fleurs jaunes (M^l J^n); vivace : vieux murs,
Nessonvaux, Goff., Hodbomont et Olne.

C. Salida Schw. (C. Solide). Tige de 20 à
35 ; racine bulbeuse, pleine ; f^{es} caulinaires,
peu nombreuses, 2 fois ternées, à divisions
lobées ; fl. roug. (Avril Mai); viv. : haies,
bois, Fr. Froiheid, etc.

G. Fumaria L. (Fumeterre).

Fruit globuleux, petit, à une semence ;
graines dépourvues d'appendice.

Fumaria officinalis L. (F. officinale, en
wallon *frumeterre*). Feuilles 3 fois ailées,
à folioles linéaires. Tiges étalées, glabres,
de 25 à 35 c^{en} ; fl. rouges en épi (J^n J^t) ; ann.:
lieux cultivés.

CRUCIFÈRES.

Fleurs régulières ou un peu irrégulières.

Calice 4 sépales. Corolle à 4 pétales disposés en croix alternes avec les sépales. Etamines 6, inégales. Styles soudés en un. Fruit allongé ou silique, ou aussi large que long ou silicule. F^{es} presque toujours alternes.

SILIQUEUSES. *Fruit linéaire ou lancéolé (silique).*

G. Cheiranthus R. Br. (Giroflée).

Stigmate fendu, à lobes courbés en dehors. Silique presque à quatre angles ; graines sur un rang ; feuilles alternes 2 ; folioles du calice bossues, valves à 1 nervure.
C. Cheiri L. (Giroflée Violier, en wallon *muraillez*). Tiges anguleuses de 30 à 45 c^{es}; feuilles lancéolées, dentelées. Fleurs jaunes grandes, odorantes (Mai) ; viv. : vieux murs, rochers, Franchimont, église à Limbourg, rochers sous Limbourg.

G. Barbarea Br. (Barbarée).

Stigmate entier ou peu échancré. Silique presque tétragone ; valves à une nervure saillante ; graines sur un rang.

Barbaréa vulgaris Br. (Bârbarée commune
en wallon *Codrelarice*). Tige 30 à 45 c^{m};
feuilles glabres, lyrées, les supérieures
obovales, dentées; fleurs jaunes en grappes
(Mai J^{n}); viv. : bords de la Vesdre, etc.

B. intermédia Bor. (B. intermédiaire).
Plante ressemblant à la précédente; feuilles
supérieures découpées, ailées : lieux pierreux, champs secs, etc.

G. Arabis L. (Arabette).

Calice à folioles conniventes, siliques,
linéaires, comprimées ; valves presque
planes à une nervure ; graines sur un rang
comprimées. Fl. bl. rarement roses.

A. Sagittata (A. Sagittée). Tige hispide de
25 à 35 c^{es} ; feuilles radicales, oblongues,
les caulinaires sessiles, lancéolées, dentées,
auriculées à la base. Siliques appliquées
contre la tige. Fl. bl. (Mai Juin) ; bisann. :
lieux pierreux, murs.

A. Turritta L. (A. Tourette). Siliques courbées en arc ; graines ailées ; feuilles embrassantes : a été indiqué entre Verviers et
Ensival.

G. Cardamine L. (Cardamine).

Stigmate entier. Silique linéaire, aplatie; valves presque planes, sans nervure, graines sur un rang ; fleurs roses ou blanches.

C. Pratensis (C. des prés, en wallon *hille d'aguesse*). Tige de 30 à 40 c^{e}; feuilles ailées, les radicales à folioles arrondies, les caulinaires à fol^{es} linéaires ; fleurs d'un blanc violacé (en A^l M^i) ; viv. : prairies humides.

C. Amara L. (C. Amère). Tiges un peu plus fortes; feuilles ailées, à folioles sinuées, anguleuses. Fleurs grandes, blanches, à pétales plus longs que le calice (Avril Mai) : prairies marécageuses.

C. Hirsuta L. (C. velue). Tige 20 à 30 c^{es}; feuilles ailées, velues. Fl. petites, blanches (Av. Mai) ; ann. : lieux herbeux, humides.

C. Impatiens L. (C. impatiente). Tige 15 à 25 c^{es}, glabre; feuilles radicales à folioles pinnat^{es} ; les supérieures embrassantes, glabres. Fleurs petites, bl. sale ; pétales souvent nuls (M^i J^n) : rochers, lieux humides.

G. Nasturtium R. Br. (Cresson).

Stigmate subbilobé. Silique cylindrique linéaire, ou silicule oblongue ou oblonguesubglobuleuse ; valves convexes. Graines sur 2-4 rangs irréguliers.

N. Officinale Br. (Cresson de fontaine). Tiges couchées, feuilles ailées, à folioles arrondies. Fl. bl. en corymbe (J^n J^t) ; viv. : ruisseaux, Vaux, Nessonvaux, Goffontaine, Ile Moncin, etc., etc.

N. Amphibium R. Br. (C. amphibie). Tige ascend. feuilles supérieures entières ou plus ou moins divisées, à lobes linéaires entiers. Fleurs jaunes (J^n J^t) : bords de la Meuse et ruisseaux à l'Ile Moncin.

N. Palustre D. C. (C. des marais). Tige diffuse ; feuilles divisées ; pétales égalant le calice ; fleurs jaunes (J^n J^t) ; bisann. : bords de la Vesdre.

N. Sylvestre Br. Tige rameuse et diffuse ; feuilles ailées, à folioles dentées. Siliques linéaires, courtes; fleurs jaunes (J^n J^t); viv.: bords des chemins, des ruisseaux et de la Vesdre ; vallée de la Vesdre.

G. Sisymbrium L. (Sisymbre).

Stigmate entier ou peu échancré. Silique cylindrique ; valves convexes. Fl. jaunes ou blanches, en grappes.

S. Alliaria Scop. (S. Alliaire). Tige de 25 à 35 c^es; feuilles en cœur, larges, pétiolées. Fl. bl. en corymbe (en A¹ M¹); bisann.: haies et buissons.

S. Thalianum J. Gay. (S. de Thalius). Tige 10 à 15 c^es; feuilles radicales ovales, oblong. à court pétiole, les sup^es rétrécies à la base. Fl. bl. (A¹ M¹); ann. : murs, champs.

S. officinale Scop. (S. officinal). Tiges de 30 à 45 c^es pub. ; feuilles divisées, ailées, à segments larges, comme roncinées. Fleurs jaunes, petites, en grappes, spiciformes. Siliques dressées contre la tige (J^n J^t); ann.: bords des chemins, lieux incultes.

S. Austriacum Jacq. (S. d'Autriche). Tige de 30 à 45 c^es ram. ; feuilles nombreuses, roncinées-pinn. Fleurs jaunes, odorantes (en J^n J^t) : lieux pierreux, bords de la route de Pepinster à Chaudfontaine.

S. Strictissinum L. (S. raide). Tige de 30-45 c^es dressée; feuilles entières, dentées; fleurs jaunes, petites : trèfles, prés, St-Hadelin, 1872.

G. Erysimum. L. (Vélar).

Stigm. entier ou bilobé. Silique à quatre

angles ; valves convexes à 1 nervure ; f^es entières, sinuées ou dentées.

E Cheiranthoïdes L. (V. fausse-giroflée). Tig. de 35 à 40 cent., anguleuse ; feuilles lancéolées, à petites dents. Fl. jaunes (J^n J^t); ann. : lieux herbeux, humides, tout le long de la Meuse.

E. Orientale R. Br. (V. Oriental). Tige de 35 à 40 cent.; feuilles entières, embrassant la tige. Fl. d'un blanc jaunâtre : dans un lieu cultivé, à Vaux et un autre à Nesson-vaux, 1870.

G. *Hesperis* L. (Julienne).

Stigm. bilobés, connivents. Siliq. presque cylind. ; valves convexes.

H. Matronalis L. (J. des dames, en wallon *sauvage matrone*). Tige de 30 à 45 cent., f^es oblong., lancéol., dentées; fl. violacées, (en M^i J^m) : haies, lieux incultes, Haute Frai-pont, Nessonvaux, Froiheid, etc.

G. *Diplotaxis* D. C. (Diplotaxe).

Siliq. aplatie ; valves un peu convexes, à 1 nervure ; graines sur 2 rangs, fl. jaunes.
D. Tenuifolia. (D. à f^es menues, en wallon

Roquette). Tig. de 30 à 60 cent. ; f⁰ˢ pinnat.
à lobes étroits ; fl. jaunes, assez grandes :
lieux pierreux, murs, Verviers, Ensival,
Franchimont, Herve, Herstal, Coblain, au
pont, etc.

G. Brassica L. (Chou).

Silique presque cylindrique ; valves convexes, à 1 nervure ; graines sur un rang.
Fl. jaunes ou blanches.

B. Napus L. (Chou Navet, en wallon *Navai*)
Tig. 30 à 45 cent. Feuilles lyrées, les sup.,
entières, embrassantes. Fl. jaunes. (Av. Mⁱ);
bisann. : moissons, lieux cultivés.

Brassica oleracea (chou cultivé). Se trouve
quelquefois au bord de la Vesdre, surtout
de Nessonvaux à Le Flur et quelquefois le
B. Rapa. Chou Rave, Navette et Rave.

Sinapis L. (Moutarde).

Siliq. presque cylind. ; valves convexes à
plusieurs nervures ; graines sur un rang ;
fleurs jaunes.

S. Arvensis L. (M. des champs, en wallon
vet sous). Tige de 30 à 45 cⁿˢ ; feuilles inférˢˢ
lyrées, dentées, les supˢˢ sinuées, dentées.

Fleurs jaunes (J^n J^t) ; ann. : lieux cultivés, bords des chemins.

S. Alba L. (M. blanche, en wallon *blanque mostaude*). Feuilles lyrées, pinn^{es}, dentées, rudes. Silique à bec plus long que la valve, hérissée. Fleurs jaunes (J^n J^t) : moissons, Goffontaine, Olne, etc.

G. *Raphanus* L. (Radis).

Silique en chapelet, renflée ; graines sur un rang.

R. Raphanistrum L. (R. Ravenelle). Tiges rudes de 30 à 40 c^{es}; feuilles lyrées, à lobes écartés, inégaux et denticulés ; fl. jaunes, nat^{es} rayées (J^n J^t) ; ann. : moissons.

Variété à fleurs blanches : bords des chemins, Prayon, Herstal.

R. Sativus L. (R. cultivé). Se trouve quelquefois au bord de la Vesdre.

Siliculeuse ; *fruit aussi long que large ou à peine.*

G. *Lunaria* L. (Lunaire).

Deux folioles du calice bossues. Silicule

elliptique, pédicellée, pendante ; **valves** planes, sans nervures.

Lunaria rediviva L. (Lunaire vivace).

Tige de 35 à 65 c^{ts} ; feuilles pétiolées **en** cœur, dentées, grandes. Silicule aiguë aux deux extrémités ; fleurs bl. ou rosâtres (Mai J$^\text{n}$) ; viv. : bois montueux, pierreux, Le Fleir, et derrière Louhau Pepinster.

G. *Alysson* L.

Etamines à filets dentés. Silicule orbiculaire ou ellip. surmontée par le style persistant ; valves convexes.

Alysson Calycinum L. (à calice). Tig. de 15 à 25 cent., couchée, f^{es} oblong., obovales, blanchâtres ; fl. jaunes (J$^\text{n}$ J$^\text{t}$) ; viv. : indiquée dans les champs pierreux.

A. incanum L. (A. blanchâtre). Tige de 30 à 45 cent., fleurs jaunâtres, blanches (M$^\text{t}$ J$^\text{n}$) : champs, très-commun dans des champs de trèfle et moissons, près St-Hadelin en 1872, près la ferme sur la fagne de Denier en 1871, et entre Jupille et Liége.

G. *Draba* L.

Silicule oval., obl.; valves planes. Plantes à poils étalés.

D. Verna. (Printannière). Tige de 7 à 12 cent.; f^{es} toutes radicales, en rosette, oval., obl., cunéiformes, sessiles ; pétales fendus ; fl. bl. (Fév., M^i) ; ann. : pelouses, coteaux, murs, champs.

D. Muralis L. (D. des Murs). Tige 15 à 20 cent.; f^{rs} de la tige embrassantes, les radicales subpétiolées. Fl. bl. (Av. M^i) : haies, lieux secs. Très-rare.

G. *Cochlearia* L.

Silic. presque subglobuleuse ou oblongue subglobuleuse surmontée par le style; valves convexes.

C. Armoracia L. (Raifort sauvage). Tige haute ; f^{es} radicales, grandes, oval., obl., très-dentées ; racine charnue ; fleurs bl. (en M^i J^n) ; viv. : murs à l'eau, talus du chemin de fer et rochers à Juslenville, en wallon se nomme *Moslaude di capucin*.

G. *Camélina* Crantz (Caméline).

Silic. pyriforme, terminée par le style ; valves convexes.

Camélina dentata Pers. (C. dentée). Tige de 20 à 30 cent.; feuilles inférieures, sinuées, à dents profondes ; fl. bl. (en J^n) ; ann. : trouvé une touffe en 1870, dans une moisson, près Hansez-Olne.

G. *Teesdalia* R. Br. (Téesdalie).

. Pétales extérieurs, plus grands. Silic. ov., comme orbiculaire, échancrée au sommet, terminée par le style ; à stigm. subsessile ; valves ailées.

Teesdalia nudicaulis. (Téesdalie à tige nue). Tige de 10 à 20 cent., feuilles radic., pinnat., celles de la tige 1 ou 2 petites ; fl. d'un blanc un peu sale, (J^n) : montagnes près Nessonvaux et près Fraipont. ,

G. *Thlaspi* Dill. (Tabouret).

Pétales presque égaux, entiers. Silic. ov., échancrée ; terminée par un style plus ou moins long ; valves ailées.

T. Arvense L. (T. des champs). Tige de 30 à 40 cent., feuilles radicales, ovales, pétiolées, les caulinaires emorassantes, sinuées ; fl. bl. (J^n J^t) ; ann. : lieux cultivés, champs.

T. perfoliatum L. (T. perforés). Tige de 30 à 40 cent., feuilles radicales, comme lyrées, les caulinaires sagittées-sessiles-dentées ; fl. bl. (M^t J^n) : lieux pierreux.

G. *Iberis* L. (Ibéride).

Pétales inégaux. Silic. ovale, ou obov., très-fendue au sommet, terminée par le style ; valves ailées.

Iberis amara L. (I. amère). Tiges de 20 à 30 cent., feuilles à dents obtuses, fl. bl. ($M^l J^n$) ; ann. : graviers de la Vesdre, à Becoin et Flair Cornesse, 1872 et 73.

G. *Capsella* Vent. (Capselle).

Silic. triangulaire. terminée par un style court ; valves non ailés.

Capsella-Bursa-pastoris Mœ. (C. Bourse à pasteur, en wallon *malette di biergi*). Tige de 20 à 35 cent.; feuilles radicales, en rosette, profondément divisées, velues ; les caulinaires dentées, incisées. Fl. bl., petites; toute l'année : se trouve presque partout.

G. *Lepidium* L. (Passerage).

Silic. suborbic., ovale ou oblong., émarginée, terminée par le style ou le stygmate, presque sessile; valves quelquefois ailées.

Lepidium Sativum L. (Cresson alénois). Tige de 20 à 30 c^{et}; Feuilles caulinaires, profondément divisées, à segments linéaires;

plante alimentaire; fl. blanches (M^i J^n); ann.:
bords de la Vesdre, du ruisseau de Nessonvaux et dans les moissons, prés Hansez,
1871-72-73.

L. Rudérale L. (P. des décombres). Tige
de 15 à 25 c^{es} diffuse ; feuilles de la tige à
divisions étroites. Fleurs bl. (M^i J^n) : trouvé
une touffe sur les graviers entre Fraipont
et Trooz en 1873 ; pétales courts ou nuls.

L. Draba L. (P. Drave). Tige de 20 à 25 c.;
feuilles embrassant la tige par 2 oreillettes,
sinuées, dentées, les sup. obl.; fl. bl. (J^n J^t) :
dans une espèce de vieille carrière, au bord
de la route de Vesdre à Hodister-Wegnez.

G. *Biscutella* L. (Lunetière).

Silicule à deux loges à semence, échancrée
des deux côtés, terminée par le style long ;
valves orbiculaires.

Biscutella lævigata L. (L. lisse). Tige de
15 à 30 c^{es} ; fleurs jaunes (J^n J^t) ; vivace.:
rochers près Douflamme-Ourthe.

G. Senebiéra Poir. (Senebière). Silicules
à 2 loges subglobuleuses échancrées des 2
côtés.

Senebiéra pinnatifida D. C. (S. pinnatifide).

Tige de 20 à 35 c^{es} diffuse ; feuilles pinnat^{es} à segments nombreux, petits. Fleurs bl. nombreuses en grappes courtes (J^t A^t) ; 5 à 7 touffes au bord de la Vesdre près le pont Aloune, Fraipont, 1875.

G. *Neslia* Desv. (Neslie).

Silicule globuleuse terminée par le style filiforme.

N. paniculata Desv. (N. paniculée). Tige de 30-35 c^{es} ; feuilles velues, les radicules ovales pétiolées, les caulinaires sessiles, lancéolées, un peu sagittées, silicule rayée, rude, endurcie. Fl. jaunes (J^n) : trouvé un pied dans un champs d'orge à Charneux-Fraipont en 1871.

G. *Bunias* Br.

Silicules à 2 loges à une semence, ovoïde.
Bunias Orientalis L. (B. d'Orient). Tige de 40 à 60 c^{es} ; fleurs jaunes (J^n J^t) : pelouse au bord du chemin et d'un mur à Magnée, et sur un coteau à Angleur.

CISTINÉES.

Fleurs régulières. Calice 5 sépales libres.

3*

Corolle à 5 pétales libres. Etamines nombreuses. Styles soudés en un ; stigmate entier. Caps. à plusieurs semences. Plantes ordinairement sous demi ligneuses.

G. *Helianthemum* Tourn. (Hélianthème).

Deux sépales extérieurs plus petits.
H. Vulgare Gært. (H. vulgaire). Tige couchée, de 20 à 30 c^{es} ; feuilles ovales, obl. Fleurs jaunes (J^n J^t) ; viv. : coteaux, rochers arides.

VIOLARIÉES.

Fleurs irrégulières. Calice à 5 sépales libres ou presque libres prolongés au-dessous de leur insertion. Corolle à 5 pétales, l'inférieur prolongé en éperon au-dessous de son insertion. Etamines 5 à filets courts, élargis, libres.

G. *Viola* Tournef. (Violette).

Pétales irréguliers.
V. Hirta L. (V. hérissée). Feuilles en cœur, ovales, crénelées ; plante acaule, velue (Av. M^i) ; viv. : haies, coteaux.

V. Odorata (V. odorante). Plante glabre, stolonifère, à stolons très-feuillés ; feuilles en cœur, arrondies ; fl. violettes (Av. M^i) ; viv, : haies, etc.

V. Palustris L. (V. des Marais). Pl. plus petite, à stolons grêles ; feuilles cordées ; fleurs violacées, plus petites : tourbières, prés et bois marécageux, Fraipont, Theux, Louvegnez, etc.

V. Sylvatica Fr. (V. des Bois). Tiges 10-20 c^{es}, ascendantes, grêles, à la fin tombante ; feuilles en cœur. Stip. à cils rapprochés ; éperon obl. arrondis ; fl. bleues (Mars M^i) : bois et haies, Fraipont, etc.

V. Canina L. (V. de chien). Tiges courtes dressées, glabres ; feuilles ovales, cordées. Fleurs bleu-clair : bois, haies, lieux découverts.

V. Tricolore L. (Pensée). Tiges plus robustes que les précédentes, rameuses ; feuilles inf^{es} ovales, les sup^{res} linéaires ; fl. mélangées de blanc, de violet et de jaune (en J^a J^t) : lieux cultivés, etc.

Variété Arvensis, à fleurs plus grandes et plus colorées, se trouve par-çi par-là : Nessonvaux, Remouchamps, Nanceveux, Sart, etc., etc.

V. Lutea Huds. (V. jaune). Tiges grêles, couchées, ascendantes. Stolons souterrains; f^{es} ovales, crénelées, ciliées. Fleurs jaunes (Mai à Sep.) ; viv. : trouvé 3 touffes sur un tas de calamine, près de la station de Theux en 1873 ; plus revu à cet endroit.

Classe II. — DIALYPÉTALES PÉRIGYNES.

Pétales et étamines soudés à leur base avec le calice. Ovaire libre ou soudé avec le calice.

RHAMNÉES.

Fleurs hermaphrodites ou à un sexe, régulières. Calice à 4 5 sépales soudés en tube à la base. Corolle à 4-5 pétales souvent très-petits, insérés au bord supérieur du disque qui revêt le tube du calice. Etamines 4-5 ; baie à 2-4 noyaux. Arbrisseaux ou arbres à feuilles alternes.

Rhamnus Lam. (Nerprun).

Pétales petits, en forme d'écailles. Calice urcéolé.

R. Catharticus L. (Nerprun purgatif).

Arbrisseau à rameaux anciens, terminés par une épine de 3-4 mètres; f^{es} ov. dentées; fl. vertes (M^{l} J^{n}) : bois montueux, rochers, près Chanxhe, vallée de l'Ourthe.

Rhamnus Frangula L. (N. Bourdaine, en wallon *neur broc*). Arbrisseau non épineux; f^{es} ov., entières. Fleurs vertes, fruits noirs.

PAPILIONACÉES.

Fleurs irrégulières. Corolle à 5 pétales, le sup^{r} étendard, les 2 latéraux ailés, les 2 inf^{res} soudés en carène. Calice à 5 sépales, rarement 4, insérés à la base du calice; fruit ou légume à valves. Etamines 10 à filets tous soudés en tube. Style filiforme.

G. *Sarothamnus* Wim. (Sarothamne).

Calice à 2 lèvres, la supérieure courte, à 2 dents, l'inférieure à 3 dents. Corolle à étendard ascendant. Style long, filiforme. Fruit comprimé à plusieurs graines. Arbuste non épineux.

S. Scoparius Koch. (S. à balais, en wallon *jugnesse*). Arbrisseau de 1 mètre environ, verdâtre; feuilles inférieures petites, à trois folioles, ovales, pétiolées, petites, pubescentes. Fleurs jaunes (Av. J^{n}) : coteaux, bois.

G. Cytisus L. (Citise).

Calice à deux lèvres, la supérieure à deux dents, l'inférieure à 3 dents. Corolle à étendard ascendant. Style ascendant. Fruit comprimé. Arb. non épineux.

C. Laburnum (faux-ébénier). Arbre non épineux ; feuilles à 3 folioles. Fleurs jaunes disposées en longues grappes pendantes (M^i J^n) : naturalisé sur le talus du chemin de fer à et près Fraipont.

G. Génista L. (Genêt).

Calice à 2 lèvres, la supér. à 2 divisions, l'inférieure tridentée. Corolle à étendard non ascendant. Style presque droit. Gousse à plusieurs graines. Sous-arbrisseaux à feuilles simples.

Génista Anglica L. (G. anglais). Tiges épineuses ; f^es entières, petites et sessiles. Fl. jaunes (J^n J^t) : bruyères, bois, lieux arid.

G. Sagittalis L. (G. à tige ailée). Tige 15 à 30 c^m, à rameaux aplatis en forme de feuilles non épineuses ; f^es ovales, simples, lancéol^s. Fleurs jaunes en grappe terminale.

G. Tinctoria L. (G. des teinturiers). Tige non épineuse, de 30 à 45 c^es ; f^es linéaires, lancéolées, sessiles. Fleurs jaunes ($J^n J^t$) : coteaux, bois secs, Chefon-Gelivaux-Olne, Poïou-Fourneau-Theux, etc., etc.

G. Pilosa L. (G. velu). Tige de 30 à 40 c^{es}, couchée ; feuilles obl. lancéolées, petites. Fl. jaunes, à étendard soyeux ($J^n J^t$); vivace: bois, bruyères.

G. Ulex L. (Ajonc).

Calice coloré, divisé en 2 lèvres jusqu'à la base, la supérieure à 2 dents, l'inférieure à 3 corol. à étendard ascendant. Style presque droit, gousse à peine plus longue que le calice, renflée. Sous-arbrisseaux très-épineux.

U. Europæus L. (A. d'Europe). Arbrisseaux de 50 c^{es} à 1 mètre et plus. Feuilles linéaires, terminées en épine. Calice très-velu ; fleurs jaunes (Av. Sept.) ; vivace : bruyères et coteaux, au bord de la route des Forges à Beaufays.

G. Ononis L. (Bugrane).

Calice à 5 divisions linéaires. Corolle à à carène prolongée en bec. Gousse courte. Plantes épineuses.

O. Repens L. (B. rampante, en wallon *stache-bou*). Tiges couchées, radicantes, épineuses ; f^{es} ternées, à folioles arrondies. Fleurs purpurines (J^n J^t) : champs, bords des bois.

O. Spinosa L. (B. épineuse, en wallon *stache-bou*). Tiges épineuses, velues, redressées ; feuilles ternées, à folioles oblong. cunéif.; fl. purpurines (J^n J^t); vivace : bords des chemins, dans la vallée de la Meuse.

G. *Anthyllis* L. (Anthyllide).

Calice tubul. renflé un peu, à 2 lèvres, la supérieure à 2 dents, l'inférieure à 3. Cor. à carène obtuse; gousse ovoïde, petite, à une ou 2 graines.

A. Vulnéraria L. (A. Vulnéraire). Tiges ascendantes ; feuilles ailées avec impaire à fol. allongées, ovales, pubesc. Fleurs jaunes en 2 glomérules (J^n J^t) : pelouses, cot. secs.

G. *Lotus* L. (Lotier).

Calice à 5 divisions. Corolle à carène prolongée en bec; gousse droite à quatre ailes, linéaire, cylindrique, à plusieurs graines. L. Corniculatus L. (L. Corniculé, en wallon *pattes di chet*). Tiges tombantes ; feuilles à 3 folioles, ovales, entières, velues; fl. réunies par 8-12, jaunes (J" J') ; vivace : prairies, pelouses. — V. ténuifolius à fol. linéaire et à fl. plus petites : moissons à Haute-Fraipont, en 1871.

L. Major Scop. (L. majeur). Tiges plus allongées que la précédente ; f^es ternées ; fleurs jaunes, réunies par 2-6 : fossés des bois et tourbières.

G. *Astragalus* L. (Astragale).

Calice à 5 dents. Corolle à carène obtuse ; gousse plus longue que le calice, arquée, à plusieurs graines.

A. Glycyphillos Tour. (A. réglisse). Tige de 40 à 60 c^es ; feuilles ailées avec impaire, à fol. oval. Fl. d'un jaune verdâtre (J" J') ; vivace : haie à et entre Froiheid et Olne et à Mahonnettes Chaudfontaine.

G. *Mélilotus* Tourn. (Mélilot).

Calice campanulé à cinq dents. Corolle à carène obtuse ; gousse dépassant le calice, droite, obl., à 1-3 graines; fleurs en grappes, spiciformes, effilées ; feuilles ternées.

M. Arvensis Wallr. (M. des champs). Tig. courbées, de 30 à 60 c^{es} ; feuilles ternées, à fol. ovales. Fleurs jaunes à ailes égalant l'étendard (J^n A^t) : champs.

M. Officinalis Wild. (M. officinal). Tiges dressées, de 1 mètre environ ; feuilles obl., lancéolées, dentées ; gousses pubescentes, devenant noires. Fl. jaunes (J^n J^t) ; bisann. : bords de la Meuse, Ougrée et à Herstal.

M. Macrorhiza Strail. Ressemble à la précédente : bords d'un bois et haies, ainsi que dans un champs de trèfle, Steppe, Trasinster, Fraipont.

M. Alba Lam. (M. blanc). Tiges de 40 à 60 c^{es} ; folioles crénelées. Fl. bl. petites (J^n J^t) ; ann. : bords des chemins, champs de trèfle, Coucoumont près Fraipont, Chétifontaine, Dison, St-Hadelin 1870-71-72-73.

G. Medicago L. (Luzerne).

Calice à 5 divisions. Corolle caduque ; gousse plus longue que le cal., réniforme, en faux ou contournée en spirale, quelquefois épineuse ; à plusieurs graines, rarement une ; fl. en grappes.

M. Sativa L. (L. cultivée, en wallon *Luzerne*). Tige de 40 à 60 cent. ; feuilles

ternées, à fol. ov., g^{sse} non épineuse ; fleurs
violettes, (en été) ; viv. : champs, chemins.

M. Lupulina L. (L. Lupuline). Tige couchée, de 30 à 40 cent.; fol. obov., cunéiformes, glabres, dentelées au sommet ; fl.
très-petites, en grappes axiliaires; gousse
à 1 graine ; fleurs jaun. ; (J^n J^t) ; ann.: lieux
cultivés, bords des chemins.

M. Maculata. (L. Maculée, en wallon
Pisse-cou). Tige couchée, de 30 à 40 cent.
F^es à folioles en cœur renversé, souvent maculées de noir. Fl. jaunes 1-4 : graviers de
la Vesdre et chemins.

G. *Trifolium* Tour. (Trèfle).

Calice presque labié, à 5 dents ou 5 divisions ; gousse très-petite, souvent incluse
dans le calice, orbiculaire ou oblong., droite,
à 1, rarement 2-4 graines.

T. Minus Rel. (Trèfle-petit, en wallon
Cœrvesse). Tige grêle, couchée, un peu velue ; feuilles ternées, à fol. moyenne un peu
pétiolée. Fl. en têtes lâches, de 3-15 fl jau.-
pâle. (J^n J^t); ann. : prés, bois secs, bords
des chemins.

T. Procumbens L. (T. couché). Tiges de
30 à 50 cent., dures, rameuses et rampantes;

feuilles à foliole moyenne pétiolulée ; fleurs jaunes en têtes presque globuleuses, fournies de plus de 20 fleurs. (Jⁿ Jᵗ) : champs, moissons.

T. Pratense L. (T. des prés, en wallon, *traimblenne*). Tige de 30-35 cent.; feuilles à fol. ovales, quelquefois tachées de noir. Fl. en tête ou capitule d'un rouge rosé (Jⁿ Jᵗ) ; viv. : bords des chemins, prairies ; cultivé.

T. Medium L. (T. intermédiaire). Tige de 25 à 35 cent., feuilles oval., oblong. ; fl. en têtes un peu oblongues, rouges. (Jⁿ Jᵗ) ; viv.: bois secs et montueux.

T. Incarnatum L. (T. incarnat, en wallon *traimblenne di France*). Tige de 40 à 60 c.; feuilles à folioles cunéiformes, obl. ; fleurs rouges en capitules oblongs (Jⁿ Jᵗ): champs, chemins; cultivé.

T. Arvense L. (T. des champs). Tiges de 20 à 30 cᵉˢ; feuilles à folioles spatulées, linéaires, à 3 dents au sommet. Fl. rosées, en épi soyeux, oblong (Mⁱ Jⁿ) ; ann. : lieux arides.

T. Striatum L. (Trèfle strié). Tiges de 15 à 20 cᵐˢ; fol. petites, obov., cunéif., dentelées au sommet. Capitules oblongs. Fl. purpur. (Jⁿ Jᵗ) : lieux pierreux, montueux, Heid-Mawet et Nainfosse-Fraipont.

T. Repens L. (T. rampant, en wallon *blanque traimblenne*). Tiges couchées, radicantes ; feuilles à fol. élargies, arrondies, dentelées et glabres. Fleurs bl. en capitules fournis (M¹ Sept.); vivace : se rencontre presque partout.

T. Élégans Savi (T. élégant). Tige procombante, de 15 à 25 c" ; f" à folioles obov. dentelées ; fleurs bl. rougeâtres (Jⁿ Jᵗ) : lieux frais des bois, Fraipont, Louvegnez, etc.

T. Fragiférum L. (T. Fraisier). Tige couchée ; fᵗˢ à fol. obov. ou obl. Fl. rougeâtres, en capitules longuement pédonculés et munis d'une colerette de petites feuilles (Jᵗ Aᵗ) : lieux herbeux, au bord de la Meuse.

Phaséolus Vulgare L. (Haricot commun). Est cultivé dans les jardins.

G. *Vicia* Tourn. (Vesce).

Calice à 5 divisions ou à 5 dents presque égales. Style filiforme; gousses allongées, à plusieurs graines globuleuses. Plantes grimpantes; feuilles ailées, sans impaire, terminées en vrille rameuse.

V. Sativa L. (V. cultivée). Tiges dressées, de 40 à 80 c" ; grimpantes ; feuilles à 10-12 folioles presque en cœur. Fl. purpurines, réunies par deux (en été) : champs, bords des chemins ; cultivé en grand.

V. Sepium L. (V. des haies). Tige grimpante, de 35 à 65 c⁵⁵ ; feuilles à fol. ovales, atténuées au sommet, velues. Stipules demi sagittées ; fl. purpurines, bleuâtres, au nombre de 2 à 5 (Jⁿ Jᵗ); viv. : haies, buissons.

V. Angustifolia Roth. (V. à fᵉˢ étroites). Plante grêle, dressée, à folioles étroites. Fleurs rouges, réunies par 1-2 (Jⁿ Jᵗ) : moissons, lieux pierreux.

V. Cracca L (Vesce à bouquets). Tige de 40 à 80 cᵉˢ, grimpante ; fᵉˢ à fol. nombreuses, ovales lanc. pubesc. ; fl. nombreuses purp. (en Jⁿ Jᵗ); viv. : haies, buissons, champs.

V. Tetrasperma Mœnch. (V. à 4 graines). Tiges rameuses, grêles ; folioles oblongues, linéaires, au nombre de 8-10. Fleurs 1-2 d'un bleu pourpré (Jⁿ Jᵗ); ann. : dans les moissons.

V. Hirsuta Koch. (V. hérissée). Tige de 20 à 55 cᵉˢ, grimpante ; fᵉˢ à folioles linéaires, terminées par une vrille accrochante, simples ou rameuses ; gousse courte à 2 graines. Fl. bl. rayées (Jⁿ Jᵗ); ann. : buissons, coteaux, champs.

G. Pisum Tourn. (Pois).

Calice à 5 divis. Style filiforme ; gousses longues, à plusieurs pois. Stipules grandes.

P. Sativum L. (P. cultivé, en wallon *peus*). Tige de 2-3 mètres, grimpante ; f^es ailées, sans impaire, à pétiole terminé en vrille rameuse. Fleurs rougeâtres et variées de couleur (en été) : cultivé.

P. Arvense L. (P. des champs, en wallon *Peus d'champs*). Tige 1 mètre environ, grimpante ; f^es à folioles grandes, vrilles rameuses ; fleurs purpurines (M^i J^n) ; ann. : moissons, champs.

G. Lathyrus L. (Gesse).

Calice à 5 divisions ou à 5 dents. Style plat, quelquefois élargi au sommet. Gousse longue, anguleuse ou ailée. Tiges angul. ou ailées ; f^es terminées en vrilles rameuses, ailées, sans impaire, rarement dépourvues de folioles.

L. Pratensis L. (G. des prés). Tige de 35 à 55 c^es, à 4 angles ; f^es à 2 folioles aiguës, ellip. ; pédoncules à plus de 3 fleurs, qui sont jaunes (J^n J^t) ; viv. : bords des bois, buissons, prairies sèches.

La gesse odorante est cultivée dans les jardins (pois de senteur).

G. Orobus L. (Orobe).

Calice à 5 divisions ou 5 dents. Style plat, élargi au sommet. Gousse oblongue à plusieurs semences.

O. Tubérosus L. (O. tubéreux). Tiges couchées à la base, à angles ailés ; rac. trib., fol. ellipt. mucronulées, paripennées à pét. terminé en arête. Fleur bleu rougeâtre et variable de couleur (Av. Mai) ; viv. : bois.

La variété Angustifolia, à fol. linéaires, se trouve souvent dans les bois montueux de la Haute-Fraipont.

G. *Ornithopus* L. (Ornithope).

Calice à 5 dents presque égales, corolle à carène obtuse ; gousse étroite arquée, à articles oblongs, comprimés.

O. Perpusillus (O. petit, *pied-d'oiseau*). Tiges couchées, de 15 à 30 c⁰⁰, feuilles à 15-23 folioles ov., pubescentes, presque sessiles. Fleurs bl. mêlées de pourpre, petites, en ombelles à peu de fleurs (M¹ J¹) ; vivace : dans les champs, Heid-Mawet, Halinsart, la

Bruyère-Fraipont et entre le bois de Fraip.
et le hameau de Banneux.

G. *Onobrychis* Tourn. (Sainfoin).

Calice à 5 divisions subulées. Corolle à
carène large, tronquée. Gousse à une graine
réticulée, marquée de fossettes.
O. Sativa Lam. (S. cultivé). Tige de 30 à
40 c^{es}; feuilles ailées, à folioles ovales ; fleurs
purpurines veinées : se rencontre par-çi
par-là et cultivé.

G. *Robinia.*

Gousse à une loge, à plusieurs graines.
Calice campanulé à 5 dents, les 2 supérieurs
rapprochés.
R. Pseudo-Accacia. Arbre droit, à rameur
épineux. Feuilles ailées, de 11 à 15 folioles
ovales, entières. Fleurs jaune-pâles, en
grappes pendantes (Mai Jⁿ) ; viv. : propagé
sur les talus du chemin de fer.

LYTHRARIÉES.

Fleurs régulières. Calice 5 sépales à peu
près libres ou plus ou moins soudés. Corol.

4

à pétales 4-6, insérés au sommet du tube
du calice, alternes avec ses divisions. Etam.
en même nombre ou double de celui des
pétales, ovaire simple ; 1 style ; 1 stigmate
souvent en tête. Fruit recouvert par le calice
à 2 ou à 4 loges, rarement 1, et à plusieurs
valves. Plantes à feuil* opposées ou alternes.

G. *Lythrum* L. (Salicaire).

Calice tubuleux, strié, à 8 ou 12 dents ; à
dents extérieures plus longues. Pétales 4-6.
Etamines 8-12. Capsule oblongue, à 2 loges,
à plusieurs semences.

L. Salicaria L. (S. commune). Tige de 40
à 70 c**, rameuse vers le haut ; f** lancéolées
aiguës, entières, sessiles, opposées ou verticillées par 3 ; fl. demi-verticillées formant
de longs épis terminants. Fl. rouges (J* A*);
viv. : bords des eaux.

G. *Peplis* L. (Pourpier).

Calice à 12 dents dont six plus petites; 6
à 12 étamines. Capsule ovoïde globuleuse à
2 loges et à plusieurs semences.

P. Portula L. (Péplide Pourpier). Tiges
glabres, étalées, redressées au sommet ;

fᵉˢ opposées, obovales, arrondiés au sommet, très-entières et glabres; fl. petites, solitaires, axillaires, rougeâtres (en Jⁿ Jᵗ); ann. : bords des fossés, lieux où l'eau a séjourné l'hiver, Fraipont, bois de Nessonvaux, Louvegnez, Theux, etc.

G. *Montia* L. (Montie).

Calice à 2, rarement 3 sépales. Pétales 5 inégaux, soudés inférieurement à la base. Etamines ordinairement 3. Style à 3 divis. Capsules à 3 graines.

M. Fontana L. (M. des fontaines). Plante petite, couchée, radicante, de 5 à 10 cent., glabre ; fᵉˢ opposées, spatulées, entières et glabres; fl. petites, globuleuses, axillaires et pédonculées; fl. bl. (Jⁿ Jᵗ) : ruisseaux des tourbières, prés les Douze-Hommes et Banneux, Theux, Louvegnez.

M. Minor (M. Naine). Plante plus allongée, plus filiforme ; feuilles et fleurs de même que la précédente : trous à tourbe, entre Mal-Placé et Fonds de Wilez-Theux.

PARONYCHIÉES.

Calice à cinq folioles ou à cinq divisions.

Corolle à pétales au même nombre que celui des sépales, filiformes. Étam. 5, rarement 4. Styles 2-3 courts. Stigmates 2-3. Fruit enveloppé par le calice à une semence.

G, *Scleranthus* L. (Gnavelle).

Calice à tube campanulé, à 5 divisions. Pétales 5, filiformes. Styles 2. Capsule renfermée dans le calice endurci.

S. Annuus L. (G. annuelle). Tiges étalées puis redressées ; feuilles petites, opposées, linéaires, étroites, sessiles, nombreuses ; fl. vertes (Jⁿ Jᵗ) ; ann. : moissons, chemins.

CRASSULACÉES.

Fleurs régulières. Calice à 5 sépales libres ou plus ou moins soudés. Corolle à 5 pétales, rarement plus. Etamines en nombre égal à celui des pétales, quelquefois en nombre double. Style 5. Fruit à 5 carpelles-polysp^{es}.

G. *Sedum* L. (Orpin).

Calice à cinq divisions. Corolle 5 pétales. Etamines 10. Carpelles 5.

S. Acre L. (O. acre, en wallon *telles di*

soris). Souche rampante, émettant plusieurs rameaux droits et ascendants; f⁴ cylindriq., sessiles, courtes, ovoïdes, obtuses. Fl. jaun. (Jⁿ Jᵗ) ; viv. : murs, lieux arides.

S. Sexangulare DC. (O. à six rangs). Plante étalée ; fᵉˢ cylindriques, obtuses, en verticliles alternes, offrant 6 rangées, de sorte que les tiges paraissent à 6 angles ; fleurs jaunes, un peu plus pâles que les précédentes (Jⁿ Jᵗ); viv. : vieux murs, Pont-Aloure et près Fraipont, etc.

S. Reflexum L. (O. réfléchi). Tige plus haute; feuilles plus longues, très-caduques, cylindriques, mucronées ; fl. jaunes (Mⁱ Jⁿ) : lieux pierreux.

S. Album L. (O. blanc, en wallon *trique madame*). Feuilles obl., éparses, cylindriq. fleurs à pétales aigus ou terminés par une pointe, blanc rougeâtre (en Jⁿ Jᵗ) : lieux pierreux, rochers.

S. Telephium L. (O. reprise). Tige de 30 à 50 cᵉˢ dressée; feuilles planes, rétrécies ou arrondies à la base, éparses. Fleurs rouges en corymbe (Jⁿ Jᵗ) ; vivace : haies, champs, rochers.

S. Aizum. Tiges couchées ; feuilles planes, rétrécies à la base, dentées ; fleurs jaunes

(Jⁿ Jᵗ) ; vivace : sur les rochers au bord de la Vesdre, à Verviers.

S. Hispanica L. Tig. ascendant., fˡˢ planes, lâchement dentées, commes patulées. Fleurs rougeâtres, à pétales lancéolés (Jⁿ Jᵗ); viv. : talus du chemin de fer à Goffontaine ; naturalisé cinq à dix grosses touffes, très-étalées.

G. Sempervivum L. (Joubarbe).

Calice à 6-20 divisions. Corolle à 6-20 pétales libres ou soudés à la base. Etamines 12 40. Carpelles 6-20, à plusieurs semences.

S. Funkii (J. de Funk). Tige dressée ; feuilles épaisses, arrondies, à bords ciliés, imbriquées les unes sur les autres et formant par leur réunion une boule compacte; fleurs rouges (en Jⁿ Jᵗ) ; viv. : murs par-çi par-là, et rochers entre Sougnez et Aiwaille.

AMYGDALÉES.

Fleurs régulières. Calice 5 sépales. Cor. à 5 pétales insérés au sommet du calᶜᵉ. Etam. ordinairement nombreuses. Style 1 ; stigm. capité. Fruit ou drupe à 1 carpelle charnu, succulent.

G. Cerasus Juss. (Cerisier).

Fr. globuleux, succulent, glabre, luisant. Noyau lisse. F^es pliées dans leur jeunesse. Fleurs en ombelles ou en grappes.

C. Avium (C. des oiseaux, en wallon *thiersi* ou *céréhi*). Arbre élevé ; feuilles ovales lancéolées, pubescentes en dessous. Fleurs grandes, comme en ombelles; blanches, (en Av. M¹) ; viv. : bois montueux et autres.

C. Vulgaris (C. vulgaire : griottier, en wallon *neur griennî*). Arbre un peu moins élevé ; f^es glabres en dessous. Fruit acide. Fl. bl. à pédoncules partant du même point : haies, lisières des bois, Haute Fraipont, St-Hadelin.

G. Prunus Tourn. (Prunier).

Fruit globuleux ou oblong, succulent. Noyau un peu rugueux, ellip., aigu de deux côtés. Fleurs solitaires ou géminées.

P. Spinosa L. (P. épineuse, en wallon *neur sipenne*). Arbrisseau de 2 à 3 mètres, à rameaux épineux ; f^es ovales lancéolées. Fleurs bl. solitaires (A¹ M¹) : haies, buissons.

P. Insititia L. (P. sauvage, en wallon *biloki d'pourçai*). Arbre de 4 mètres à 4-50, à rameaux peu épineux ; fl. bl. (A¹ M¹) : **en arbre** et planté en haie à Haute-Fraipont.

. P. Padus L. (P. putiet ou P. à grappes). Arbrisseau de 3 à 6 mètres, en wallon *flairan bois* ; feuilles ovales, dentées. Fleurs bl. en grappes pendantes (en M¹ J") : bois humides de la Haute-Fraipont et haies.

On cultive le P. Domestica : Prunier, et le Persica vulgaris : Pêcher.

ROSACÉES.

Fleurs régulières. Calice à 5, rarement 4 sépales, soudés avec l'ovaire. Corolle à pét. en même nombre que celui des s^es, libres, insérés sur un disque plus ou moins épais. Etamines nombreuses. Fruit composé de carpelles nombreusx. Styles en nombre égal à celui des carpelles ; latéraux, libres, rarement soudés en colonnes. Stipules plus ou moins soudés avec le pétiole.

G. *Spiræa* L. (Spirée.)

Calice à 5 divisions dépourvu de calicule. Styles terminaux, 5 pétales. Etamines attachées sur le calice. Carpelles peu nombreux contenant 2-6 graines. Fleurs en corymbes fournis.

S. Ulmaria L. (S. Ulmaire ou Reine des prés). Tige de 50 à 80 c^{es}; feuilles ailées, blanchâtres en dessous. Fl. bl. (J^n J^t); viv. : prairies humides, ruisseaux.

G. *Rubus* L. (Ronce).

Calice à 5 divisions, dépourvu de calicule. Corolle à 5 pétales. Fruit à carpelles nombreux, succulents, contenant chacun une semence. Tiges ligneuses, aiguillonnées.

R. Idæus L. (R. Framboisier, en wallon *roge aumôni*). Tige aiguillonnée de 1 1/2 à 2 mètres ; f^{es} inférieures ailées, à 5 folioles, les supér^{es} ternées, blanchâtres en dessous. Fruits rouges à la maturité. Fl. blanches : haies et lisières des bois.

R. Fruticosus L. (R. frutescente, en wallon *neur aumôni*). Tige à aiguillons forts ; f^{es} à 5-7 divisions. Fruits noirs. Fleurs blanches: mêmes lieux que la précédente.

R. Cæsius L. (R. bleue). Tige de 1 à deux mètres ; feuilles de la tige à 3 folioles. Fruit ordinairement couvert d'une poussière blanchâtre. Fl. blanches à pédoncules étalés ou dressés (M^i J^n) : mêmes lieux, rare.

Les rubus offrent des variétés nombreuses, **R**. Rosaceus, etc.

G. Geum L. (Benoîte).

Calice à cinq divisions muni d'un second calice à 5 divisions ou calicule ; 5 pétales ; 5 semences disposées en arêtes genouillées après la floraison dans leur partie supérieure.

G. Urbanum L. (B. off'* en wallon *hieppe di feu*). Tige de 35 à 60 c'*, dressée et velue ; feuilles radic. ailées, celles de la tige ternées-lobées, dentées. Fl. jaunes dressées (en J* J'); viv. : haies.

G. Fragaria L. (Fraisier).

Calice et calicule à 5 divisions; 5 pétales; réceptacle bacciforme, ovoïde, succulent. Carpelles nombreux à une semence.

F. Vesca L. (Frais. comestible, en wallon *frévi*). Plante rampante ; f** à 3 folioles sessiles, dentées, pubescentes, blanchâtres en dessous. Fl. bl. (en A¹ M¹). Fruits rouges à la maturité (fraise) ; viv. : bois, pelouses.

G. Comarum (Comaret).

Calice et calicule à 5 divisions. Pétales 5

oblongs, aigus. Carpelles nombreux secs, à 1 semence, disposés sur un réceptacle.

C. Palustre L. (C. des marais). Tiges ascendantes, de 25 à 35 c^es; f^es ailées, fol^s. Fleurs rouges (J^n J^t) : ruisseaux, lieux marécageux des prairies entre Stavelot et Trois-Ponts.

G. Potentilla L. (Potentille).

Calice et calicule à 5, rarement 4 divis. Pétales obovales, arrondis ou émarginés. Graines adhérentes sur un réceptacle sec.

P. Fragariastrum Ehrh. (P. Fraisier). Tige 10-15 c^es, étalées velues ; f^es ternées, dentées et velues: Fl. bl. à pétales caducs (M^l J^n) : haies.

P. Reptans L. (P. rampante ou quintefeuille). Tiges longues, enracinées aux nœuds, rampantes ; f^es pétiolées à 5 folioles, pubescentes en dessous. Fl. jaunes (J^n J^t) : lieux herbeux, humides.

P. Tormentilla Sib. (P. Tormentille, en wallon *morsure di diale*). Tiges couchées, de 25 à 35 c^es ; f^es sessiles à 3 ou 5 folioles dentées. Fleurs jaunes à 4 pétales (J^n J^t) ; vivace : bois et bruyères humides.

P. Procumbens Sibth. (T. tombante). Tig.
allongées, couchées, radicantes au sommet;
feuilles pétiolées à folioles 3-5. Fl. jaunes à
4 pétales (en automne) : bord du ruisseau
derrière le hameau d'Adseu et bruyères;
rare.

P. Verna L. (P. printanière). Tige couchée,
de 10-15 c^{es}; feuilles à 5-7 folioles vertes des
2 côtés. Fl. jaunes (printemps et automne) :
lieux pierreux, rochers.

P. Argentea (P. argentée). Tiges dressées,
de 25 à 35 c^{es}; feuilles à 5 folioles incisées,
blanches, argentées en dessous. Fl. jaunes
($M^i J^n$) ; viv. : sur les vieux murs, pelouses
arides.

P. Recta L. (P. droite). Tiges dressées, de
35 c^{es}; f^{es} à 5-7 folioles, vertes sur les 2 faces,
pubescentes en dessous ; fleurs d'un jaune
plus pâle que les précédentes ($M^i J^n$) : lieux
pierreux à Nomabaie-Fraipont.

P. Anserina L. (P. Ansérine ou Argentine,
en wallon *Aurgentenne*). Tige rampante ;
f^{es} velues sur les 2 faces, vertes au-dessus,
blanchâtres et soyeuses en dessous, ailées à
15-17-19 folioles oblongues, étroites, rapprochées, incisées, dentées. Fleurs jaunes
($M^i J^n$) : lieux humides.

G. Rosa L. (Rosier).

Calice sans calicule, à tube urcéolé, croissant beaucoup après la floraison. Corolle à 5 pétales. Styles libres ou soudés en une colonne dans leur partie supérieure. Carp^les nombreux, osseux, insérés sur les parois du tube du calice qui les enveloppe et qui devient charnu, succulent et rouge à la maturité.

R. Arvensis L. (R. des champs). Tige et pétioles aiguillonnés. Styles soudés en colonne qui égale les étamines ; f^es ailées, à 5 ou 7 folioles. Fl. roses ou blanches (M^l J^n) : coteaux, haies, bois.

R. Canina L. (R. de chien, en wallon *rohe à palettes*). Tige 3 à 4 mètres, à aiguillons fortement crochus ; f^es à 7 folioles, glabres ; fl. roses (M^l J^t) : haies, buissons, bois.

Variétés Vitens, Glaucescens, Dumalis, Biserrata : haies de nos environs.

R. Tomentosa Sm. (R. tomenteux). Tige de 3 1/2 à 4 mètres, à aiguillons peu crochus ; f^es ailées, à folioles tomenteuses, cendrées sur les 2 faces. Fleurs roses ou blanches (M^l J^n) : coteaux, haies, buissons, bois.

R. Rubiginosa L. (R. rouillé). Tiges à aiguillons crochus et entremêlés d'aiguill^ons droits, sétacés; feuilles à folioles larges, odorantes, arrondies aux 2 bouts; fl. roses : coteaux, haies, Mont-Theux, Remouchamps et Presseux.

G. *Agrimonia* L. (Aigremoine).

Calice sans calicule, à tube herbacé, devenant dur à la maturité; à 10 cannelures saillantes; hérissé d'épines subulées, crochues. Etamines 10-20. Carpelles 1-2 à une semence, renfermés dans le tube du calice.

A. Eupatoria (Aigremoine off^le). Tige velue, dressée, de 30 à 40 c^es; feuilles ailées, avec impaires, velues. Fleurs jaunes, petites, disposées en un long épi grêle (J^n J^t); viv. : pelouses, coteaux et bois.

POMACÉES.

Fleurs régulières. Calice à 5 sépal^e soudés en tube, lequel est soudé avec l'ovaire, à limbe à 5 divisions. Corolle 5 pétales insérés à la gorge du calice. Etamines 15-30. Styles 5, stigmate simple; fruit à 5 carpelles.

G. *Mespilus* L. (Néflier).

Calice à 5 divisions, 5 pétales arrondis; fruit à 5 semences osseuses.

M. Germanica L. (N. d'Allemagne, **en** wallon *mespli*)..Arbrisseau de 1 à 2 mètres, épineux ; feuilles lancéolées, entières, pubescentes en dessous ; fruit roux, subglobuleux ; fl. bl. (en M^i) ; viv. : haies et bois.

G. Crataegus L. (Aubépine).

Calice à 5 lobes courts, 5 pétales, baies subglobuleuses contenant 2-3 noyaux osseux, devenant succulentes et rouges.

C. Oxyacantha L. (A. épine-blanche, **en** wallon *spenne*). Arbrisseau de 4 à 5 mètres, très-épineux ; f^{es} profondément pinnatifides; les fruits, qui sont rouges, en wallon **se** nomment *pétchales*. Fleurs blanches ($M^i J^n$) : bois et haies.

C. Monogyna (A. à 1 style). Arbrisseau. Feuilles larges, peu découpées, à nervures arquées vers le sommet. Calice pubescent. Fruits rouges ; fl. bl. ($M^i J^n$) : haies; rare.

G. Cotonéaster Médik.

Calice à 5 lobes courts. Fruit globuleux, couronné par les divisions du calice, qui est dépassé par le sommet de 3-5 noyaux osseux, nus dans leur tiers supérieur. Arbrisseaux non épineux.

C. Vulgaris Lindl. (C. commun). Arbriss. sans épine ; f^{es} entières ; fruits rouges de la grosseur d'un pois ; fleurs petites, solitaires ou géminées (M^i J^n) : rochers, entre Sougnez et Aywaille, et Douflamme-Amblève.

G. *Pyrus* Tourn. (Poirier).

Calice à 5 divisions ; pétales arrondis. Styles libres. Fruit ovoïde ou turbiné, à 5 loges, à 2 pépins.

P. Communis L. (P. commun, en wallon *pèsry*). Arbre élevé, à rameaux épineux à l'état sauvage; f^{es} ovales, dentées et pétiolées. Fleurs en ombelle, blanches (M^i J^n) : haies et bois. Rare.

G. *Malus* Tourn. (Pommier).

Calice à cinq divisions, pétales arrondis. Style soudés à la base. Fruit plus ou moins déprimé, à 5 loges et 2 pépins.

M. Acerba Mérat (P. à fruit acerbe, en wallon *sauvage mèslaie*). Arbre à rameaux épineux à l'état sauvage ; feuilles grandes, ovales, pétiolées et dentées ; fl. en ombelles simples et d'un blanc rosé (en M^i) : haies, bois montueux, Haute-Fraipont, etc.

G. *Sorbus* L. (Sorbier).

Calice à 5 divisions ; pétales 5, arrondis ;
fruits globuleux à 2-4 loges, ordinairement
à 1 pépin.

S. Aucuparia L. (S. des oiseleurs, en wallon
hauvurgna). Arbre non épineux, de 6 à 9
mètres ; f^es ailées à 5-8 paires de folioles ;
fruits rouges écarlates en corymbe. Fleurs
bl. (en M^t) : bois et haies.

ONAGRARIÉES.

Calice à 4 divisions, à tube soudé avec
l'ovaire. Corolle à 4 pétales. Étamines huit,
insérées avec les pétales au sommet du tube
du calice. Styles soudés en un. Stigmates 4,
étalés ou rapprochés en massue ; fruit à 4
loges à plusieurs semences.

G. *Epilobium* L. (Epilobe).

Calice entier, à 5 divisions, à tube long
et à 4 angles. Pétales 4. Étamines 8. Styles
filiformes. Stigmates 4, étalés en croix ou
rapprochés en massue. Capsule linéaire en
forme de silique. Graines surmontées d'une
aigrette soyeuse.

4*

E. Spicatum Lam. (E en épi). Tige de 1 mètre environ, rougeâtre et glabre ; feuilles lancéolées, linéaires, entières. Calice coloré; fleurs rouges en épi terminal (J^t A^t); vivace : talus du chemin de fer de Nessonvaux à Chaufontaine, bois, Fraipont, Chetifontaine, Theux, etc.

E. Hirsutum L. (E. velu). Tige de 60 à 90 centimètres, velue ; feuilles embrassantes, lancéolées, dentées et opposées dans le bas de la tige; fleurs roses, grandes : bords des eaux, Fraipont et Goffontaine.

E. Montanum L. (E. des montagnes). Tige de 30 à 40 c^{es}; f^{es} ovales lancéolées, dentées; stigmates étalés en croix ; fleurs rougeâtres (J^n J^t) ; viv. : haies et bois.

E. Roseum Schreb. (E. rose). Tige de 30 à 40 c^{es}, pubescente, présentant 2 ou 4 lignes saillantes ; f^{es} pétiolées, glabres, dentées. Fl. rosâtres : ruisseaux des lieux couverts, Haute-Fraipont, etc.

E. Molle Lam. (E. à feuilles molles). Tige simple, pubescente, de 30 à 60 c^{es}; f^{es} sessiles, blanchâtres, velues, pubescentes ; fl. roses, petites (J^n J^t) : lieux pierreux, haies et murs.

E. Palustre L. (E. des marais). Tige munie de stolons filiformes ; feuilles linéaires, lancéolées ; fl. rosâtres, petites (en Jⁿ J^t) : prés mal placé, Theux, sur les fanges et dans les fossés.

E. Tétragonum L. (E. Tétragone). Tige de 30 à 45 c^{es}, à 4 angles ; feuilles oblongues, lancéolées, dentées, glabres ; celles de la tige embrassantes, non élargies à la base. Valves du fruit un peu arquées ; fleurs rougeâtres (Jⁿ J^t) : fossés, lieux humides, Polleur, Ensival, etc.

E. Obscurum Schreb. (E. obscure). Tige stolonifère à sa base, à longs stolons feuillés ; feuilles de la tige élargies et arrondies à la base, presque sessiles ; fleurs rougeâtres : ruisseaux couverts, Haute-Fraipont.

G. *Œnothera* L. (Onagre).

Calice à cinq divisions, à tube très long, presque cylindrique et soudé avec l'ovaire. Pétales 4. Étam. 8. Style filiforme. Stigm. 4, étalés en croix. Capsule oblongue, presque à quatre angles. Capsule s'ouvrant par l'écartement des 4 valves.

Œ. Biennis (O. bisannuelle). Tige velue, anguleuse, de 40 à 60 c^{es} ; f^{es} ovales lancéol. ; fleurs jaunes, grandes (en Jⁿ J^t) ; bisann. :

bois humides, lieux pierreux, Le Fleer, Rive, près Fraipont, Esneux-Ourthe, etc.

CIRCÉACÉES.

Fleurs régulières. Calice à tube soudé avec l'ovaire, à 2 divisions. Corolle à 2 pét. insérés au sommet du calice. Étamines 2. Styles soudés en un. Stigm. presque bilobé; fruit à 2 loges et à 1 semence.

G. *Circœa* Tourn. (Circée).

Corolle à 2 pétales. Calice à deux sépales.
C. Lutetiana L. (C. parisienne). Tiges de 30 à 35 c^m, étalées; feuilles ovales, aiguës, faiblement dentées, opaques; fr. demeurant longtemps attachés à la tige; pédicelles dépourvus de bractées. Fl. bl.-rougeâtre : ruisseaux couverts, Fraip., Louvegnez, etc.
C. Intermédia Ehrh. (C. intermédiaire). Feuilles très-dentées, demi-luisantes; fruits caducs, pédicelles munis de bractées, seulement visibles à la loupe. Fleurs plus rougeât. dans les ruisseaux plus découverts: Fraipont, La Rochette, etc.

HALORAGÉES.

Fleurs régulières. souvent incomplètes, hermaphrodites ou monoïques. Calice à tube soudé avec l'ovaire, à limbe à 4 divisions ou presque nul. Corolle à 4 pétales, quelquefois nuls. Étamines en nombre égal à celui des divisions du calice ou en nombre double. Style filiforme, à 4 stigmates. Fruit sec à 4 loges à 1 semence. Plantes aquatiques submergées ou nageantes.

G. *Myriophyllum* Vaill. (Myriophylle).

Fleurs monoïques. Calice à tube court, à limbe à 4 divisions. Pétales 4, nuls dans les fleurs femelles. Étamines 8. Stigmates 4. Fruit à 4 coques et 1 semence.

M. Verticillatum L. (M. verticillé). Tiges submergées ; feuilles pinnatifides à segments capillaires ; fleurs jaune-verdâtre, placées à l'aisselle de bractées découpées qui les dépassent (J[t] A[t]) : fossés dans l'île Moncin.

M. Spicatum L. (M. en épi). Plante un peu robuste ; épis droits avant la floraison ; fl. femelles naissant à l'aisselle de bractées dentées, fleurs en épis, verdâtres (en été) : dans la Vesdre.

OMBELLIFÈRES *(Fleurs en Ombelle).*

Fleurs hermaphrodites, régulières ou à pétales inégaux. Calice à 5 sépales, soudés en tube, à tube soudé avec l'ovaire, à partie supérieure à 5 dents, 5 divisions ou nulle. Corolle insérée au sommet du calice, à 5 pétales libres, quelquefois bifides, les extérieurs souvent plus grands. Étam^s. 5. Styles 2. Stigmates terminaux. Fruit sec, composé de 2 carpelles; f^{es} très-divisées.

G. Hydrocotyle Tourn. (Hydrocotyle).

Cal. à dents nulles. Fr. presqu'orbiculaire, comprimé; carpelles à 5 côtes, filiformes. Fl. blanches ou rosées, sessiles, en un ou plusieurs verticilles entourés d'involucelles e un petit nombre de folioles.

H. Vulgaris L. (H. commune). Tiges filif^{mes}, rampantes; f^{es} pelletées, arrondies, à longs pétioles; fleurs axillaires; involucre à 2 ou 3 folioles. Fl. bl. ou rosées (en J^n J^t); viv.: marais, bords des chemins, Francorchamps, Stavelot, Trois-Ponts, Coo.

G. Sanicula Tourn. (Sanicle).

Fleurs disposées en ombelles irrégulières;

ombellules comme capitées. Calice à 5 lobes foliacés ; fruit ovoïde, presque globuleux, hérissé de pointes dures un peu crochues.

S. Europæa L. (S. d'Europe). Tige simple, de 25 à 35 c", nue et rougeâtre ; f" radicales, pétiolées, à 5 lobes cunéiformes, trifides, incisés, dentés ; fleurs petites, en ombelle globuleuse, une à 3 petites folioles à la base des ombelles et des ombellules. Fl. bl. ou un peu rosées (en Mai Juin) ; vivace : bois ombragés, Fraipont, Louvegnez, Olne, etc.

G. Ammi Tournef. (Ammi).

Calice à dents nulles Carpelles oblongs à 5 côtes, filiformes. Fruit comprimé par le côté, involucre à folioles ailées ; involucelles à folioles nombreuses, simples.

A. Visnaga Lam. (A. Visnage). Tige de 45 à 65 c", assez robuste, toute couverte de feuilles 2-3 fois ailées, à folioles découpées en lanières linéaires, aiguës, entières et très-nombreuses. Fl. en ombelles, à rayons très-nombreux, à la fin très-endurcis. Fleurs bl. (J' A') ; viv. : bords de la Vesdre, Fraip., Nessonvaux, Le Fleir, Hodister 1876.

G. Ægopodium L. (Egopode).

Calice à dents nulles. Fruit comprimé par

le côté. Carpelles oblongs, linéaires, à cinq côtes filiformes ; involucre et invol[le] nuls.

Æ. Podagraria L. (E. des goutteux, **en** wallon *pi d'aue*). Tige de 30 à 40 c[es]; feuilles inf[es] 3 fois ternées, les supérieures une fois ternées. Ombelle de 15-20 rayons. Fl. bl. (J[n] J[t]) ; vivace : haies et bois.

G. *Carum* Koch (Carum).

Calice à dents nulles. Fruit comprimé par le côté. Carpelles oblongs ou linéaires-obl[gs] à 5 côtes filiformes; involucre et involucelle à plusieurs folioles, très-rarement nuls.

C. Carvi L. (C. Carvi). Tige de 25 à 35 c[es]; feuilles vertes, 2 fois ailées, à fol. ovales aiguës, très-incisées, à lobes courts et lin[res] dans les 1es inférieures, sétacés dans les supérieures. Ombelles de 8 à 10 rayons inégaux. Fl. bl. (en M[i] J[n]); viv. : prairie près Beaufays.

C. Bulbocastanum Koch (C. Noix de terre). Tige de 25 à 35 c[es], assez grêle. Feuilles 2 ou 3 fois ailées, à segments linéaires ; fleurs blanches : moisssons, champs, entre Mont et Bois Renard-Theux, près Gomzé. Rare.

Le Petroselinum sativum H. (Persil) est

cultivé et on le trouve sur les rochers à la Rochette.

L'Apium gravéolens Hoffm. (Céleri) se rencontre dans les haies, bords des eaux et des chemins dans certains villages.

G. Helosciadium Koch. (Hélosciadie).

Çalice à 5 dents courtes, pétales entiers. F^es comprimées par le côté. Carpelles obl^gs à 5 côtes filif^mes ; involucre nul ou à plusieurs folioles, involucelle à plusieurs folioles.

H. Nodiflorum Koch (H. Nodiflore). **Tige** couchée, de 30 à 60 c^os ; feuilles ailées, à folioles ovales, dentées; ombelles sessiles ou courtement pédonculées. Fl. bl. (J^n J^t) ; vivace : ruisseaux des prés et des bruyères, Stainval-Louvegnez, Fièrin-Lambermont, Fraipont, etc., etc.

H. Repens (H. rampante). Tige de 25 c^m, radicante à la base ; folioles presque ovales, incisées, dentées ; involucre à 3 folioles, lancéolées ; fl. en ombelles, pédonculées, opposées aux feuilles plus courtes que leur pédoncule. Fl. bl. (J^t Sept.); viv. : ruisseaux des tourbières, entre Oneux et Fays, Polleur.

G. Sium L. (Berle).

Calice à dents courtes ; pétales émarginés. Fruit comprimé par le côté. Carpelles obl^{es} à 5 côtes filiformes; involucre et involucelle à plusieurs folioles entières ou incisées.

S. Latifolium L. (B. à larges feuilles). Tige de 50 à 60 c^{es} ; f^{es} ailées à folioles grandes, inégales à leur base, ovales ou ov. lancéol., dentées régulièrement. Ombelles à longs pédoncules ; fl. bl. ; vivace : fossés, à Ile Moncin, entre Jupille et Herstal.

S. Angustifolium L. (B. à f^{es} étroites). Tige redressée, de 35 à 50 c^{es}; f^{es} ailées, à folioles ovales oblongues, plus courtes que la précédente, incisées, dentées, les supér^{es} profondément. Ombelles plus courtement pédonculées. Fl. bl. (Jⁿ J^t) ; viv. : ruisseaux à l'île Moncin.

G. Pimpinella L. (Boucage).

Calice à dents nulles. Fruit comprimé. Carp. lin^e obl^e à 5 côtes filif.; involucre et involucelle nuls.

P. Magna L. (B. à grandes feuilles). Tige de 40 à 55 c^{es}, anguleuse, sillonnée; feuilles ailées, à 5 ou 7 folioles, grandes, ovales, irréguliérement, dentées, les supérieures ailées, à folioles plus étroites. Ombelle de 12 à 15 rayons. Fl. bl. (J" J') ; viv. : haies, bois, Haute-Fraipont, etc., etc.

P. Saxifraga L. (B. saxifrage). Tige de 30 à 40 c", cylindrique, finement striée ; feuilles ailées, à 5-7 fol., ovales-arrondies, incisées, ou dentées ; fl. blanches (J" J'); viv.: prairies, pelouses, coteaux secs.

De ces deux dernières espèces, il se trouve chez nous une variété de chacune, à feuilles supérieures, à folioles découpées et à lobes linéaires.

G. *Æthusa* L. (Éthuse).

Calice à dents nulles. Fr. ovoïde, arrondi. Carp. à 5 côtes ; involucre nul ou à 1 foliole; involucelle à 3 folioles linéaires très-déliées, disposées d'un côté de l'ombellule et réfléchies.

Æ. Cynapium L. (E. Petite-Ciguë). Tige de 25 à 35 c" ; feuilles 2 ou 3 fois ailées, à folioles étroites, incisées, dentées ; ombelles de 10-12 rayons ou plus, inégaux et étalés

G. *Œnanthe* L. (Œnanthe).

Calice à 5 dents. Fruit ovale, oblong,

élargi au sommet. Styles allongés, dressés.
Carpelles oblongs, à 5 côtes obtuses ; invol^re
nul ou presque nul ; involucelle à plusieurs
folioles.

Œ. Phellandrium Lam. (Œ. Phellandre,
ciguë aquatique). Tige de 50 à 80 c^m, épaisse,
rameuse, divariquée, fistuleuse, striée ;
feuilles trois fois ailées, à folioles glabres,
découpées en lanières courtes, divariquées.
Fl. en ombelles, la plupart latérales et opposées aux feuilles ; fl. bl. (J^t A^t) ; bisann. :
fossé à Kinkempois.

Œ. Fistulosa L. (Œ. fistuleuse). Tige de
30 à 60 c^m, fistuleuse, ainsi que les pétioles;
feuilles radicales, 2 fois ailées, à folioles en
coin, lobées ; les supérieures à segments
étroits, allongés, entiers, une fois ailés.
Ombelle à 2-4 rayons. Fruits très-serrés,
à côtes épaisses. Fl. bl. (J^n J^t) ; viv. : fossé à
Kinkempois.

G. *Libanotis* Crantz (Libanotide).

Calice à dents allongées, subulées. Fruit
velu, presque cylindrique. Carpelles obl^gs,
à 5 côtes ; invol^re et involucelle à plusieurs
folioles.

L. Montana All. (L. des montagnes). Tig.

de 50 à 80 cent., très-anguleuse ; f⁰ˢ amples, 2 fois aiiées, à folioles rhomboïdes en coin, à 3-5 lobes; involucelle à folioles nombreuses, linéaires. Fl. en ombelle grande (en Jt At). ; viv.: rochers calcaires de la Vallée de l'Ourthe.

Fœniculum officinale Adans. (Fenouil). Est cultivé et se trouve quelquefois dans les hais des jardins.

G. *Meum*. Tourn. (Méon).

Cal. à dents nulles. Fr. presque cylind. Carpelles oblongs, à côtes tranchantes ; involucre nul, involucelle à 3-8 fol.

M. Athamanticun. Jacq. (M. Athamante, en wallon, *rècenne di fagne*). Tige de 30 à 50 cent.; f⁰ˢ ailées, à segments très-nombreux et courts, capillaires. Plante odorante, Fl. bl. (en Jᵗ Aᵗ) : champs humides, Hockai, Francorchamps, Stavelot etc.

G. *Silaus* Bess. (Silaüs).

Cal. à dents nulles. Fr. presque cylindriq. Carpelles oblongs, à 5 cotes ailées; invol. nul ou à 1-2 foliol. invol. à plusieurs foliol.

S. pratensis Bess. (S. des prés). Tige de

45 à 75 cent., cylindriq., un peu striée, à rameaux grêles, allongés; fes 2-3 fois ailées, à segments linéaires, lancéolés ; fl. jaunâtres (At Sep.) ; viv. : prairies le long de la Meuse, entre Jupille, Herstal et Liége.

G. Selinum Hoffm. Sélin).

Cal. à dents nulles ; fruit aplati par le dos. Carp. ov., oblongs, à 5 côtes ailées ; invol., nul., involucelle à plusieurs folioles.

S. Carvifolia L. (S. à fes de Carvi). Tige de 40 à 50 cent., sillonnée; fes ailées, à segments petits, incisés. Fl bl., (en Jn Jt) : bois humides, Fraip., Louvegnez, Audoumont, Theux, etc.

G. Angelica L. (Angélique).

Cal. non denté. Fruit aplati sur le dos. Carpelles oblongs à 5 côtes inégales; invol. nul ou à 1-2 fol. ; involucelle à plusieurs folioles.

Ang. Sylvestris L. Tig. de 1 mètre et plus, épaisse, sillonnée, striée ; fes très amples, 2-3 fois ailées, à fols ovales-accuminées, dentées. Fl. bl. en ombelles, à 25-30 rayons (Jt At). : ruissseaux, bois humides.

Peucedanum Ostruthiam Koch., impé-
ratoire, en wallon *Angélique*. F^{es} à 3 divis.
très-larges, découpées en 3 segments incisés-dentés ; fl. d'un blanc sale (Jt At) : est
cultivé dans les jardins.

G. *Pastinaca* Tourn. (Panais).

Calice non denté ; pét. entiers, enroulés.
Fruit aplati par le dos. Carpelles oblongs
presqu'orbiculaires, à cinq côtes inégales ;
involucre et involucelle nuls.
P. Sativa L. (P. cultivé, en wallon *panauhe*).
Tige de 35 à 60 c^{es}, sillonnée ; f^{es} pubescentes,
ailées, à folioles ovales-aiguës, incisées ;
fl. jaunes (J^t A^t) ; bisann. : champs pierreux
au-dessus de la Nouvelle-Montagne, Forêt.

G. *Heracleum* L. (Berce).

Calice à 5 dents ; pétales extérieurs rayonnants, bifides. Fr. comprimé par le dos. Cap.
presque orbiculaires, à côte inégales ; involucre à folioles peu nombreuses.
H. Sphondylium L. (B. Branc-Ursine, en
wallon *poôe panauhe*). Tige de 60 c^{es} à 1 m. ;
feuilles grandes, à 3-5 folioles, hérissées,
pétiolées, ovales, en cœur, arrondies, un

peu sinuées, incisées-dentées ; pétales extérieurs plus grands que les autres, bifides. Fl. bl. ou un peu rosées (M^i Sept.) ; bisann.: prairies et bois.

G. *Daucus* Tourn. (Carotte).

Calice à 5 dents, très-peu aplati par le dos. Carpelles oblongs, à 5 côtes primaires hérissées de soies et 4 secondaires plus élevées, à 1 rang d'aiguillons ; involucre pinnatifide ; involucelle à folioles souvent entières.

D. Carotta L. (C. commune, en wallon *sauvage rècenne*). Tige de 40-70 c^es, hérissée; f^es opaques, 2-3 fois ailées, à folioles pinnat^es, à lanières lancéolées, accuminées; celles de l'involucre lisses, trifides ou quintifides, égalant presque l'ombelle. Fruit à aiguillons subulés. Fl. bl. (en J^t A^t); bisann. : prairies, bois et coteaux.

G. *Orlaya* Hoffm. (Orlaya).

Calice à 5 dents. Fruit comprimé par le dos. Carpelles ovales-oblongs, à 5 côtes filiformes, hérissées de soies ; les 4 secondaires à 2-3 rangs d'aiguillons disposés sur

deux rangs ; les extérieurs en hameçon.
Involucre et involucelle à plusieurs folioles.

O. Grandiflora Hoffm. (O. à gr. fleurs).
Tige de 15 à 25 centim., à rameaux ouverts-
ascendants ; feuilles 2 fois ailées, à folioles
petites, pinnatifides, à lanières courtes,
linéaires, aiguës ; fl. à pétales extérieurs
très-grands, blancs (J^n J^t); annuelle : champs,
moissons, Olne, Hansez, Forêt, Xhoris, etc.

G. *Caucalis* L. (Caucalide).

Calice à 5 dents lancéolées. Fr. comprimé
par le côté ; à 5 côtes principales munies
d'aiguillons ; 4 secondaires plus saillantes,
à plusieurs rangs d'aiguillons fourchus.
Involucre presque nul, involucelle à 3-8 fol.

C. Daucoïdes L. (C. à f^{es} de carotte). Tige
de 20 à 30 c^{es}, raide, divergente-diffuse, à
rameaux ouverts ; feuilles 3 fois ailées, pinnatifides, à lanières lancéolées, rapprochées.
Ombelles trifides, à rayons assez grêles.
Involucre à folioles étroites ; fl. bl. (M^i J^n);
ann. : moissons, champs.

G. *Torilis* Adans. (Torilis).

Calice à dents triangulaires. Fruit aplati

par le côté. Carpelles oblongs, à 5 côtes principales garnies d'aiguillons et à 4 côtes secondaires garnies d'épines subulées. Involucre nul ou à plusieurs folioles.

T. Anthriscus Gmel. (T. des haies). Tige 50 à 75 c., rameuse ; f⁰ˢ ailées, à folioles lancéolées-ovales, incisées ; involucre à 3-5 folioles ; ombelles longuement pédonculées, à 5-12 rayons. Fleurs rougeâtres (en Jⁿ Aᵗ) ; ann. : haies.

G. *Anthriscus* Hof. (Anthrisque).

Calice non denté. Fruit aplati par le côté. Carpelles lisses, ou hérissés de pointes oblongues-lanc. Involucre nul ; involucelle à plusieurs fol. ou à 1-3 folioles.

A. Sylvestris Pers. (A. Sylvestre). Tige de 60 à 90 cᵉˢ, glabre, sillonnée, rameuse, un peu renflée sous les nœuds ; f⁰ˢ inférieures 3 fois, les supérieures 2 fois ailées, à folioles ovales-lancéolées, incisées, pinnatifides ; fruit presque lisse ; invollucelles velus, ciliés : mûrs noirâtres.

A. Chærophyllum L. (Cerfeuil, en wallon *sierfou*). Est cultivé et se trouve souvent dans les villages : rochers à la Rochette.

G. *Chœrophyllum* L. (Cerfeuil).

Calice non denté ; fruit aplati par le côté. Carpelles obl.-linéaires à 5 côtes primaires; côtes secondaires nulles ; involucre nul ou à 1-2 folioles ; involucelle à plusieurs folioles.

C. Temulum L. (C. penché). Tige de 40 à 60 centim., renflée sous les nœuds, souvent tâchetée de rouille ; f^{es} 2 fois ailées, à folioles ovales incisées dentées, à lobes obtus. Ombelle de 6 à 12 rayons ; fl. bl. (J^n J^t) : haies.

G. *Myrrhis* Scop. (Myrrhide).

Calice non denté. Fruit aplati par le côté. Carp. libres, linéaires, à 5 côtes très-saillantes, tranchantes ; involucre nul, involuc. à plusieurs folioles.

M. Odorata Scop. (M. odorante). Tige de 90 c^{es} et plus, striée ; feuilles triangulaires, grandes, 2-3 fois ailées, à folioles pinnat., incisées ou dentées. Plante odorante. Fl. bl. (M^i A^t) ; vivace : cultivé et haie d'un jardin à St-Hadelin.

G. *Scandix* Gært. (Scandix).

Calice à dents nulles ; fruit comprimé par

le côté. Carpelles oblongs, prolongés en un long bec linéaire plus long que la graine, à 5 côtes étroites; involucre nul ou à 1 foliole; involucelle à plusieurs folioles 6 à 8.

S. Pecten-Veneris (S. peigne de Vénus). Feuilles 2 ou 3 fois ailées, à découpures très-petites et pinnatifides ; ombelles à trois rayons ; fruit terminé par une pointe longue qui imite une dent de peigne; fl. bl. (Jⁿ Jᵗ); ann. : moissons.

G. *Conium* L. (Ciguë).

Calice non denté. Fruit presque globuleux, aplati par le côté. Carpelles sans épines, ovoïdes, à 5 côtes primaires ondulées; côtes secondaires nulles ; involucre et involucelle à 3-5 folioles.

C. Maculatum L. (C. maculée ou grande ciguë). Tige de 1 mètre et plus, chargée de taches rouges. Ombelles de 10 à 12 rayons environ ; feuilles grandes, trois fois ailées, à folioles obl.-lancéol., incisées, dentées et aiguës. Fl. bl. (en Jⁿ Jᵗ); bisann. : bois, rochers, îlots de la Vesdre, Fraipont, Ness., Le Fleer, Prayon, Limbourg, etc. Rare.

G. Coriandrum L. (Coriandre).

Fruit nu, globuleux ou presque lisse et à 10 côtes très-peu marquées. Calice à 5 dents; pétales obov., munis d'une petite lanière recourbée ; involucre nul ou à une foliole ; involucelle de 3 à 5 folioles.

C. Sativum L. (C. cultivée). F^{es} radicales, souvent simples ou incisées, les caulinaires 2 fois ailées, à laciniures assez larges, ovales et un peu arrondies au sommet ; les supér^{es} à segments linéaires, écartés et obtus; ombelles de 3 à 5 rayons. Fleurs un peu rosées (en J^n J^t) ; ann. : trouvé 10 à 15 pieds dans un semis de poireaux à Rafhai Olne, 1873.

HÉDÉRACÉES.

Calice à 4 ou 5 divisions. Corolle à 4-5 pétales distincts ; étamines en nombre égal aux pétales et alternes avec eux ; ovaire simple, surmonté d'un style et d'un stigmate simples. Fruit charnu ou baie contenant 2 ou 5 noyaux. Arbrisseaux ou arbres.

G. Hédéra Tourn. (Lierre).

Calice à 5 dents ; pétales 5 ; étamines 5. Fruit bacciforme, à 5 loges à 1 semence.

H. Hélix L. (L. rampant, en wallon *leurre*)
Arbrisseau sarmenteux, rampant ou grim-
pant ; f^{es} pétiolées, toujours vertes, coriaces
et luisantes, à 5 lobes ; baies noirâtres.
Fleurs en corymbe presque globuleux. Fl.
verdâtres (en Sept. Oct.) viv. : bois, haies,
vieilles murailles.

G. Cornus Tourn. (Cornouiller).

Calice à 4 divisions; pétales 4; étamïnes 4.
Fruit à noyau, osseux, à 2 loges, à 1 semence.

C. Sanguinea L. (C. Sanguin, en wallon
blanc-broc ou *sauvage cougnouli*). Arbriss.
de 3 à 5 mètres ; feuilles opposées, ovales,
arrondies, pubescentes, marquées de nervures en dessous ; saillantes et terminées
par une pointe. Fruits noirs, ronds.
Fl. bl. (en Jⁿ J^t) ; viv. : bois.

C. Mas L. (C. male, en wallon *cougnouli*).
Arbrisseau un peu plus haut que le précé-
dent ; f^{es} opposées, ovales, luisantes, un peu
pubescentes et marquées en dessous de
nervures très-saillantes. Fruits rouges obl.;
fl. en corymbe jaunes, naissant avant les
feuilles, et chacun des corymbes munis

d'une colerette de 4 folioles ovales. Fleurs jaunes (M⁵ A') ; viv. : haies, bois.

LORANTHACÉES.

Cal. à 5 dents ou entier et peu visible. Cor. 4 à 8 pétales libres ou soudés à leur base. Etam. en nombre égal aux pétales et opposées à eux. Ovaire simple ; baie couronnée par le calice à une loge ; loges à 1 semence. Arbrisseaux parasites, à feuilles souvent opposées.

G. Viscum Tourn (Gui).

Calice entier, peu visible. Corolle à 4 pétales presque triangulaires ; fl. mâles 4 à 6. Etam., pétales soudés à leur base et ressemblant une corolle monopétale à 4 divisions ; fl. femelles, un stigmate sessile, pétales libres à la base.

Viscum Album L. (gui blanc, en wallon *Haumustai*). Arbrisseau vert, très-rameux, à rameaux fourchus et noueux ; fⁱˢ lanc. opposées, obtuses, dures et épaisses ; fleurs axillaires, sessiles, disposées 2 ou 3 ensemble ; baie globuleuse blanche. Fleur vert-jaunâtre (M' A') : parasite sur les pommiers et les peupliers.

GROSSULARIÉES.

Fl. hermaphrodites régulières. Calice à 5, rarement 4 sépales, soudés en tube, à tube soudé avec l'ovaire. Corolle de 4 à 5 pétales insérés à l'entrée du calice et alterne avec ses divisions ; Etam. 4 à 5, alternes avec les pétales. Ovaire et style simples, bi, tri ou quadrifides ; baie globuleuse à 1 loge et beaucoup de semences, et couronnée par le calice. Arbrisseaux épineux ou non, à feuilles alternes, lobées ou incisées.

G. *Ribes* L. (Grosseiller.)

Ribes Rubrum L. (G. rouge, en wallon *roge grusali*), Arbriss. sans aiguillons ; feuilles grandes, à 3 ou 5 lobes un peu obtus, irrégulièrement dentées, glabres ou pubescentes en dessous et à pétales glabres ou ciliés à la base. Fl. d'un blanc verdâtre (en A') ; viv. : bois humides au bord de la Vesdre et haies Fraipont, etc.

R. Nigrum L. (G. noir, cassis, en wallon

grusalle di wâdion). Arbriss. sans aiguillons. Feuilles gr. à 3 ou 5 lobes très-aigus, irrégulièrement dentés, glabres sur les 2 faces et portées sur des pétioles velus mais non ciliés. Fruit noir. Fl. d'un blanc sale (en M' A') ; viv. : est cultivé dans les jardins.

R. Uva-Crispa. L. (G. épineux, en wallon *Sauvache grusali*). Arbriss. très-épineux. Feuilles petites, pétiolées, arrondies, crénelées, incisées et à 3 ou 5 lobes. **Fruits** jaunes à la maturité ; fl. verdâtres (en A') : haies.

SAXIFRAGÉES.

Cal. à 4 ou 5 divis. Pétales insérés **au** sommet du calice, quelquefois nuls. Etam. 10, plus rarement 8. Un ovaire simple, libre ou adhérent. Styles 2, terminaux, courts. Fruit à 2 loges, rarement 1, à plusieurs sémences. Plantes herbacées, à feuilles alternes.

G. Saxifraga. L. (Saxifrage.)

Calice à 5 divis. Corolle à 5 pétales. Etam. 10. Style 2. Capsule biloculaire, terminée par 2 cornes.

Saxifraga granulata L. (S. granulée). Tige de 25-35 cent., velue ; racine tuberculeuse ; feuilles infér. réniformes, pétiolées, crénelées ; les caulinaires sessiles, cunéiformes, palmées-incisées, à 3-5 ou 7 lobes. Plante munie de poils. Fl. bl. gr. (en $A^1 M^1$); viv. : toutes les prairies de H^{te} Fraipont. etc., etc.

S. Tridactylites. L. (S. Tridactyle.) Tige de 6 à 12 cent., grêle. Feuilles inférieures rétrécies en pétiole, trilobées ou entières ; les caulinaires plus courtes, à 3 lobes ou à 5. Racine fibreuse, dépourvue de tubercules Fl. bl. petites, (en $M^r A^1$) ; ann. : lieux pierreux, arides, murs, Vaux-sous-Olne, Moerivaux-Forêt, Olne, Hansez, etc.

G. *Chrysosplenium*, L. (Dorine.)

Cal. à 4 divisions, rarement 5. Corolle nulle. Etamines 8. Styles 2. Capsule à 1 loge.

C. Oppositifolium L. (D. à feuilles opposées). Tige faible, un peu rameuse ; feuilles opposées, pétiolées, arrondies, crénelées et un peu velues. Fl. jaunes ($A^1 M^1$.) ; viv. : lieux ombragés et humides, Fraipont, Fonds-de-Forêt, etc.

C. Alternifolium L. (D. à feuilles alternes)
Ressemble en tout à la précédente ; feuilles
alternes : ruisseaux, rochers humides, fontaines, etc.

Subdivision 2. — GAMOPÉTALES.

Enveloppes florales constituées par un
calice et une corolle. Corolle à pétales soudés l'un à l'autre.

Classe 1. — GAMOPÉTALES HYPOGYNES.

Corolle et étamines indépendantes du
calice. Corolle insérée sur le réceptacle.
Etamines insérées sur la corolle, rarement
indépendantes de celle-ci. Ovaire libre,
rarement soudé avec le calice.

ERICINÉES.

Calice à 4 ou 5 divisions. Corolle campanulée, à 4 ou 5 divisions. Etamines 8-10.
Anthères comme bifides. Style 1. Stigmate
ordin[t] 1. Fruit à plusieurs loges, à plusieurs
semences. Sous-arbrisseaux à feuilles simples et fortement enroulées en-dessous.

G. Andromeda. L. (Andromède.)

Calice à 5 sépales un peu soudés à la base. Cor. globuleuse à 5 dents. Etam. 10 Caps. à 5 loges.

A. Polifolia L. (A. à feuilles de polium.) Tig. grêle, ligneuse, couchée, de 5 à 10 cent. ; feuilles coriaces, elliptiques, blanchâtres et à bords roulés en-dessous ; fl. rougeâtres (en J^n J^t) ; vivace ; tourbières, bruyères humides, Francorchamps, Hockai Coquaifagne, etc.

G. Erica L. (Bruyère.)

Cal. à 4 sépales libres ou soudés à la base. Etam. 8. Capsule à 4 loges. Corolle campanulée, à 4 dents.

Erica tétralix L. (B. en tête.) Sous-arbrisseau à rameaux grêles ; feuilles petites, verticillées et ciliées. Style saillant, hors de la corolle. Fl. en tête, penchées et terminales, rouges (en J^n J^t) ; viv. : bruyères, fagnes, bois.

G. Calluna Salisb. (Callune).

Calice à 4 sépales libres, colorés. Corolle

plus courte que le calice, campanulée, à 4
divisions. Etam. 8. Caps. à 4 loges.

Calluna vulgaris Salisb. (C. commune,
en wallon *Broui*). Sous-arbriss. à tige dressée, tortueuse et rameuse ; feuilles étroites,
sessiles, glabres, imbriquées, disposées sur
quatre rangs, serrées contre les rameaux
et prolongées à leur base en éperon bifide
fl. en grappes terminales, roses ou blanches
(Jⁿ Jˡ) ; viv. : bois, fagnes.

PRIMULACÉES.

Fleurs hermaphrodites, régulières. Cal. à
5 sépales, rarement 4-7, soudés à la base.
Corolle en roue ou tubuleuse, à 4-7 divis.
entières ou bifides. Etamines égales en
nombre aux divisions de la corolle et opposées à ses divis. ; 1 ovaire simple ; 1 style ;
1 stigmate ; capsule à 1 loge, à plusieurs
semences. Feuilles ovales oblong., ridées,
rétrécies en pétiole.

G. Primula L. (Primevère).

Calice campanulé ou tubuleux, à 5 divis.
Corolle tubuleuse, en entonnoir, à 5 divis.
obtuses, échancrées. Etamines 5 incluses,

insérées à la partie moyenne ou la partie supérieure de la corolle. F^{es} toutes radicales.

P. Officinalis Jacq. (P. officinale, en wallon *clédiet*). Hampe de 15 à 25 c^{es}; feuilles toutes radicales, pubescentes. Corolle concave. Calice enflé, à divisions courtes, triangulaires. Fl. en ombelle, jaunes (en A^1 M^i) : prairies, bois.

P. Élatior J. (P. élevée, en wallon *matenne*). Hampe un peu plus haute. Corolle à limbe plan. Calice étroit, à dents aiguës. Fleurs d'un jaune plus pâle : mêmes lieux.

G. Lysimachia L. (Lysimaque).

Calice à 5 divisions. Corolle à tube court, rotacée, à 5 divisions. Etam. 5, quelquefois soudées à la base. Capsule globuleuse.

L. Nemorum L. (L. des bois, en wallon *jenne moron*). Tige couchée et cylindrique, de 7 à 15 c^{es}. F^{es} opposées, ovales, entières, un peu pétiolées et aiguës. Calice à divisions linéaires ; fleurs jaunes (J^n J^t) ; viv. : tourbières et ruisseaux des bois.

L. Nummularia L. (L. **Nummulaire** ou herbes aux écus, en wallon *bai solo*). Tige rampante, couchée et cylindrique ; feuilles

ovales, orrondies, opposées, un peu pét*.
Calice à divisions ovales-lancéolées; pédoncule ne dépassant guère les fleurs. Fleurs
jaunes (J^n J^t); viv. : prairies humides, etc.

L. Vulgaris (L. vulgaire). Tige de 40 à 60 c.,
dressée; f^es opposées ou verticillées, presque
sessiles, ovales-lancéolées, pubescentes ;
pédoncules multiflores, formant des panicules rameuses et terminales ; fleurs jaunes,
grandes (en J^n J^t) ; viv. : marais et prés marécageux.

G. *Trientalis* L. (Trientale).

Calice à 7 div. Corolle en roue, à 7 divis.
Etamines 7, insérées à la base de la corolle
et opposées à ses divisions; fl. bl. 3, naissant
à l'aisselle des f^es terminales.

T. Europea L. (T. d'Europe). Tige de 15-20
c^es, dressée, presque nue dans ses deux tiers
inférieurs ; feuilles lancéolées, souvent au
nombre de 7. Fl. bl. (J^n J^t); viv. : bruyères
marécageuses, parmi les mousses à Hockai.

G. *Anagallis* Tournef. (Mouron).

Calice à 5 divisions. Corolle rotacée, à

tube presque nul, à 5 divisions. Capsule globuleuse ; fl. axillaires.

A. Arvensis L. (M. des champs, en wallon *roge moron*). Tige de 7 à 15 c^es, à 4 angles, redressée ou couchée ; f^es opposées, sessiles, ovales ou lancéolées. Fleurs rouges (J^n J^t) ; vivace : lieux cultivés, champs.

Variétés à fleurs bleues et à fl. couleur de chair : Haute-Fraipont, etc.

PLANTAGINÉES.

Fleurs hermaphrodites, régulières. Calice à 5 divisions profondes. Corolle à 4 divis., scarieuse. Étamines 4, alternes avec les lobes de la corolle, et saillantes. Styles soudés en un ou libres dépassant la corolle. Fruit libre, à 1 loge, à 1 semence, renfermé dans le calice, plus souvent capsule membraneuse, à 2 loges, à 1-2 ou plusieurs semences. Fleurs ordinairement disposées en épis.

G. Plantago L. (Plantain).

Fleurs hermaphrodites, disposées en épis cylindriques ou en tête. Calice et corolle à

4 divisions. Etamines 4. Capsule à 2-4 loges,
à 2 ou 8-12 semences.

P. Major L. (P. à larges feuilles, en wallon
plantrenne). Hampe de 15-20 c^{es} ; f^{es} ovales,
grandes, rétrécies en pétiole et marquées
de 5-7 nervures; épis de fleurs cylindriques,
verdâtres ou d'un blanc rosé (en M¹ A¹); viv.:
presque partout.

P. Media L. (P. moyen, en wallon *pitite
plantrenne*). Tige de 8 à 15 c^{es} ; f^{es} ovales-
lancéolées, marquées de 5 nervures, pubes-
centes ; épis cylindriques, allongés, un peu
plus lâches que la précédente; fl. blanchâtres (Jⁿ A¹) ; viv. : le long des chemins.

P. Lanceolata L. (P. lancéolé, en wallon
laiwe di chin). Hampe de 15 à 25 c^{es}, angul.
et pubesc. ; épis ovales ; f^{es} lanc., longues,
marquées de 3 à 5 nervures ; fl. d'un blanc
sale (en Jⁿ A¹) ; vivace : presque partout.

P. Arenaria Wald. (P. des sables). Tige
de 25 à 40 c., très-rameuse et feuillée ; f^{es}
linéaires, étroites, opposées et hérissées de
poils blanchâtres ; fl. disposées en tête,
ovoïdes, entourées d'un involucre foliacé ;
fl. vert-blanchâtre (en J¹ A¹) : bords de la
Vesdre, Pont-Aloune Fraipont, 1 pied 1873
et 4 pieds à Hodister-Wegnez en 1874.

5*

ILLICINÉES.

Fleurs hermaphrodites régulières. Calice à 4 sépales plus ou moins soudés. Corolle placée sur le réceptacle, à 4 pétales plus ou moins soudés. Etamines en nombre égal aux divisions de la corolle, alternes avec eux. Stigmate sessile, à 4 lobes. Fruit libre, à 4 loges, à chacune 1 noyau. Arbrisseau à f'" épineuses, toujours vertes.

Ilex L. (Houx, en wallon *hu*). Arbrisseau à f'" ovales, pétiolées, ondulées, très-lisses, coriaces, toujours vertes et munies d'une épine à chaque dent ; feuilles axillaires, en pelotons presque sessiles ; fruits rouges. Fl. blanchâtres (A¹ M¹); viv. : bois, haies.

OLÉINÉES.

Calice court, tubuleux. Corolle tubuleuse, régulière, à 4 divisions, placée sur le réceptacle. Etamines 2. Style 1. Stigmate 1, bilobé. Fruit libre, bacciforme, tantôt à 2 loges et à 2 graines, tantôt à 1 loge et à 1-2 ou 4 graines. Arbres et arbrisseaux à f'" opposées.

G. Ligustrum Tournef. (Troëne).

Fleurs hermaphrodites. Calice petit, en urne à 4 divisions. Corolle presque en entonnoir, à tube dépassant le calice, à 4 div. Baie globuleuse, à 2 loges, à 1 ou 2 graines.

L. Vulgaris L. (L. commun, en wallon *blanc bare*). Arbrisseau à f^{les} ovales-lanc.-aiguës, entières et opposées ; fl. blanches en grappes (M^{i} J^{n}) ; viv. : haies, bois secs, Fraipont, etc.

Syringa vulg. L. (Lilas, en wallon *claëson* ou *murguet*). Arbrisseau à f^{les} pétiolées ovales-cordiformes. Fleurs en grappes, lilas ou blanches (en M^{i} J^{n}) ; viv. : cultivé et se trouve dans plusieurs bois montueux de nos environs avec plusieurs espèces d'arbrisseaux de la famille des Rosacées : Fraipont, Prayon, etc.

G. Fraxinus Tournef. (Frêne).

Fleurs hermaphrodites et unisexuelles, sans calice ni corolle et munies de bractées. Fruit membraneux, coriace, terminé par une aile plane presque foliacée. Etamines 2, à anthères sessiles.

F. Excelsior L. (F. élevé). Arbre de 20 à

30 mètres ; f^es ailées avec impaire à 11 ou 15 folioles lancéolées-dentées ; fl. disposées en grappes (en A¹ M¹) : bois montueux.

APOCYNÉES.

Fleurs hermaphrodites, régulières. Calice gamosépale, à 5 divis. Corolle à 5 lobes. Étamines 5, réunies par les filets en 1 tube ou libres ; alternes avec les divisions de la corolle. Styles soudés en 1, à stigmate entier ou bilobé. Fruit composé de deux carpelles distincts à plusieurs semences.

G. *Vinca* L. (Pervenche).

Graines nues ; gorge de la corolle nue. Corolle en tube un peu évasé. Etamines insérées au fond de la corolle. Style 1.

V. Minor L. (Pervenche à petites fleurs, en wallon *pauqui d'pucelle*). Tige couchée, presque ligneuse; feuilles ovales-lancéolées, presque sessiles, luisantes, entières et opposées. Calice presque aussi long que le tube de la corolle. Fl. bleues (en M¹ J^n); viv. : lieux ombragés, bois, Fraipont, Louvegnez, Olne, Foret, etc.

ASCLÉPIADÉES.

Fleurs hermaphrodites, régulières. Calice gamosépale, à 5 divisions. Corolle gamopétale, hypogyne, rotacée, à 5 divisions. Etamines 5, insérées à la base de la corolle et alternes avec ses lobes. Filets soudés en un tube qui entoure l'ovaire et munis chacun d'un appendice qui recouvre l'anthère correspondante. Anthères soudées en un tube entourant le style et le stigmate. Stigmates soudés en une masse à 5 angles qui alternent avec les anthères. Fruit composé de 2 carpelles, souvent réduit à 1 seul par avortement. Graines laineuses.

G. Vincetoxicum Mœnch (Dompte-venin).

Tige dressée, de 30 à 45 c^e. F^{es} opposées, pétiolées, ovales-aiguës, un peu en cœur à la base, pubescentes. Fl. blanches (en Jⁿ J^t); vivace : rochers, lieux pierreux.

GENTIANÉES.

Calice à 4-5 ou 8 divisions. Corolle régulière à 4 5 ou 8 divisions. Etam. en même nombre. Ovaire simple 1 ou quelquefois 2.

Styles soudés en 1 souvent court. Stigm. 2, linéaires, souvent soudés en un stigmate entier à 2 ou 4 lobes. Fruit libre ou capsule à 1 loge polysperme.

G. *Menyanthes* L. (Ményanthe).

Calice à 5 divisions. Corolle en entonnoir à 5 divisions ciliées en leurs bords, à cils crépus. Etamines 5. Style filiforme. Stigm. bilobé. Capsule à 1 loge ; feuilles alternes, à 3 folioles.

M. Trifoliata L. (M. trifolié, en wallon *trifolium* ou *treimblenne d'aiwe*). Tige de 20 à 30 c"; feuilles à longs pétioles, ternées, à folioles glabres, ovales, entières et un peu glauques ; fl. pédonculées naissant chacune à l'aisselle d'une bractée et disposées en panicule d'un blanc rougeâtre (en M' J"); viv. : prairies marécageuses, Louv., Aywaille, Jonckeu et Ardenne.

G. *Linanthemum* Gmel. (Linanthême).

Calice à 5 divisions. Corolle rotacée, à 5 lobes ciliés en leurs bords. Etamines 5. Style filiforme. Stigmate bifide. Capsule à 1 loge, à plusieurs semences.

L. Nymphoïdes Link. (Faux Nénuphar).
Feuilles pétiolées, glabres, en cœur arrondi
et entières, flottant sur l'eau. Fl. pédonc.,
jaunes, disposées comme en corymbe (Jⁿ Jᵗ);
viv. : fossés à l'île Moncin.

G. *Gentiana* L. (Gentiane).

Calice à 4 ou 5 lobes, tubuleux ou campanulé. Corolle en entonnoir, campanulée ou
en roue. Style court, bifide. Etam. 5. Caps. à
1 loge polysperme.

G. Pneumonanthe L. (G. Pneumonanthe).
Tige simple, grêle et rougeâtre; fᵉˢ opposées
lanc.-linéaires, sessiles ; corolle en cloche
à 5 divisions, à gorge nue. Fl. à courts péd.
(en Jⁿ Jᵗ); viv. : bruyères humides, Mont-
Theux, Louvegnez, Jonckeu, etc.

G. Acaule (G. sans tige). Tige pas plus
longue que la fleur, à 4 feuilles disposées
en croix. Fleurs bleu-rougeâtre (Mⁱ Jⁿ) :
pâturage montagneux près Hansez, un seul
pied en 1873.

Les gentianes ont les fleurs dressées vers
le ciel, surtout ces trois espèces.

G. Germanica Wild. (G. d'Allemagne).
Tige de 15-25 cᵉˢ ; fᵉˢ opposées, ovales-lanc.

Corolle munie à la gorge de 3 écailles découpées en cils et à divisions aiguës. Fleurs bleues (en Sept.) ; ann. : pâturage sec près Hansez-Olne.

G. Erythræa Ric. (Erythrée).

Calice tubuleux à 5 angles et 5 divisions linéaires. Corolle en entonnoir à cinq lobes. Etamines 5. Style filiforme. Stigmate à 2 lobes. Caps. à 2 loges et plusieurs semences.

E. Centaurium Pers. (E. petite Centaurée). Tige à 4 angles, grêle, de 15 à 25 c⁰ˢ; rameuse au sommet. Feuilles ovales, entières, trinervées ; fleurs rose-foncée, sessiles (en Jⁿ Jˡ) ; ann. : bois, taillis montueux et champs, Fraip., Forêt, Olne, etc., etc.

Fleurs bl. à Goffontaine.

Variété très-petite, n'ayant pas plus de 5 à 10 cˢ de hauteur, à feuilles très-petites, ainsi que les fleurs beaucoup plus petites: dans un champs humide après la moisson, à Haute-Fraipont, très-commune en 1870.

CONVOLVULACÉES.

Calice à 5 divis. Corolle à limbe entier, plissée avant la floraison. Etam. 5. Styles 2 rapprochés ou soudés en 1. Stigmate 2-4 libres ou soudés. Capsule à 2, rarement 4 loges, dispermes ou monosp. Plantes viv*, volubiles ; feuilles alternes.

G. *Convolvulus* L. (Liseron).

Corolle à 5 angles et 5 plis. Style filiforme. Capsule à 1-2 loges.

C. Sépium L. (L. des haies, en **wallon** *hènat*). Tige volubile ; f** en cœur, sagittées, pédonculées, uniflore, à bractées petites. Fleurs blanches, grandes : haies et bords des eaux.

C. Arvensis. L. (L. des champs, en **wallon**, *Vovales*.) Tig. volub. ; feuilles **sagittées**, à lobes de la base pointus ; pédoncules à 1 ou 2 fl. ; bractées petites, **éloignées** de la fl. qui est bl. rosé (en J** J**.) ; **viv.** : champs, moissons et coteaux.

CUSCUTACÉES.

Cal. à 4-5 divis. Corol. à pétales **soudés**, placée sur le réceptacle, épaisse, à 4-5 divisions, munie d'écailles de la nature des pétales. Styles 2 libres. Stigm. 2 **linéaires.**

Caps. à 2 loges à 2 semences. Plantes parasites sans feuilles.

G. Cuscuta Tourn. (Cuscute).

Cor. globuleuse à 4 ou 5 lobes. Etam. égales. Caps. à 2 loges.

.C. Major. B. (C. majeure). Cal. prolongé sous l'ovaire en un tube épais. Styles plus courts que l'ovaire ; limbe de la corolle égalant environ le tube. Tige volubile, sans feuille, s'entortillant sur le houblon et sur l'ortie ; Trooz, Olne et Ness., etc.

C. Trifolii, St. (C. du trèfle.) Plante sans feuilles, à tige s'entortillant, sur le trèfle, la luzerne ; fl. jaunâtre : champs de trèfle et de luzerne. Fraipont, Nessonv., Olne, Forêt, etc.

BORRAGINÉES.

Cal. à 5 divis. Corol. à 5 lobes, ordinairement réguliers, à gorge nue ou fermée par 5 appendices. Étam. 5, insérées vers la base du tube. Ovaire libre à 4 lobes, Style 1, Stigmate entier ou bilobé. Fruit libre, composé de 2 carpelles, à 2 semences. Plantes herbacées, hispides, à feuilles alternes. Fl.

en grappes unilatérales, tournées d'un seul côté.

G. *Borrago* Tourn. (Bourrache).

Cal. à 5 div. Corol. en roue à 5 divis. accuminées, étalées, munies à la gorge de 5 écailles émarginées. Etam. saillantes. rapprochées en cône ; filets courts, charnus, munis en dehors d'un appendice charnu, dressé. Carp. tuberculeux avec un rebord à la base saillant.

B. Officinalis L. (B. officinale). Tige épaisse, rameuse, et munie de poils rudes. Feuilles hispides, les radicales étalées, ovales, obtuses, rétrécies en un pétiole long et ailé ; les caulinaires sessiles et oval.-lancéol. Fl. bleues, grandes (en $J^n J^t$) : bords des chemins, à Ness., et cultivée.

G. *Symphytum*. Tourn. (Consoude.)

Cal. à 5 div. profondes. Corolle tubuleuse, à tube en cloche, urcéolée, à 5 divis., à gorge munie de 5 écailles. Etamines incluses. Carp. rudes, à rebord inférieur saillant, épais, plissé.

S. Officinale. L. (C. Officinale, en wallon *Crausse récenne.*) Tige rameuse, très-épaisse, ailée par le prolongement des feuilles, qui sont décurrentes, oblong-lancées, rudes et alternes. Fleurs purpurines, blanches ou bl. jaunâtre (en M^i J^a) ; viv. : prairies et lieux herbeux au bord de la Meuse.

G. *Myosotis* L. (Myosote.)

Cal. à 5 div. Cor. en entonnoir ou à peu près en roue ; à 5 div. obtuses. Etam. incluses, carp. lisses, luisants.

M. Palustris W. (M. ne m'oubliez pas, en wallon, *Ouïe d'anche.*) Tige dressée, de 25 à 35 cent., rameuse, herissée, ainsi que les feuilles qui sont oblong. lanc., à poils appliqués et droits ; épis des fl. disposés en grappes nues, bleues, à gorge jaune (en M^i J^a) : prairies marécageuses ou humides.

M. Sylvatica. Hoffm. (M. des bois). Tige de 30 à 40 cent., hérissée : feuilles hérissées de poils épars et moins couchés ; fl. bleues à limbe plan (en J^a J^t) : indiqué dans les bois un peu humides.

Variété annua : fl. petites, bleues ou blanches, à Focureux-Jalhai.

M. Versicolor Mér. Tige de 10 à 15 cent. Style court, fl. sur la fin toutes jaunes, les unes bleues et les autres purp[es]. Cot. calcaire, à Froiheid-Olne.

M. Intermédia Link. (M. intermédiaire, en wallon, *Sauvage ouïe d'anche*). Tige de 35 à 50 cent., très-rude, ainsi que les feuilles. Cal. à poils étalés et crochus. Fl. bleues, moyennes, à gorge jaune ; haies, moissons.

M. Hispida. Schl. (M. Hispide). Tige de 15 à 25 cent., rugueuse ainsi que les feuilles, qui sont chargées de poils rudes, un peu plus courts que dans l'espèce précédente. Plante à aspect opaque ; fl. bleues, à gorge jaune (J[n]) : haies, coteaux.

G. Lithospermum. Tourn. (Grémil).

Cal. à 5 div. linéaires ; Cor. en entonnoir à 5 div., à gorge ouverte, munie d'écailles très-petites ou indistinctes. Etam. incluses; carp. lisses.

L. Arvense. L. (G. des Champs). Tige de 30 à 45 cent. Feuilles radicales, linéaires, lancéolées, rudes, à 1 nervure, les supérieures aussi grandes que les inférieures ; ff. dépassant peu ou point le cal., bl* (J° J'); moissons, etc.

L. Officinale L. (G. Officinal, herbe aux perles). Tige de 35 à 50 cent. Feuilles lancées ou lancéolées, pointues, rudes et munies de plusieurs nervures ; celles du haut de la tige plus petites et plus étroites. Fruits luisants. Fl. blanchât* (en J° J'); viv.: lieux et bois pierreux. Fraip., Trooz, Hansez, Chanxhe, etc. Assez rare.

G. *Echium*. L. (Vipérine).

Cal. à 5 div. Corol. infundibuliforme, campanulée, presque à 2 lèvres, à 5 lobes inégaux ; gorge nue. Etam. à filets longs, inégaux, ascendants et saillants, hors de la corolle. Carpelles rugueux.

E. Vulgare L. (V. Commune, en wallon, *Sauvage Bourrache*). Tige hérissée de poils roides qui partent d'un point noirâtre. Feuilles lancéolées, rudes en dessus; un peu douces en dessous, les rad** étalées; les caul** éparses et sessiles. Fleurs en grappes serrées formant une longue pani-

cule, bleu-rougeâtre ou blanches (J^a J^l); bis.:
bords des chemins, lieux pierreux.

G. *Cynoglossum* L. (Cynoglosse).

Calice à 5 divis. Corol. presqu'en roue, à
tube long, à 5 divis. obtuses. Etam. incluses, à anthères presque sessiles. Carp. chargés de tubercules épineux.

C. Officinale L. (C. Offic^le, improprement
nommée *langue de chien*.) Plante dressée,
blanchâtre, couverte d'un duvet doux, rameuse. Feuilles entières, les inférieures
oblongues pétiolées, les supérieures lancéolées ou oval. lanc^es, alternes et embrassantes. Fl. assez grandes, rougeâtres (en
M^l J^n); ann. : lieux pierreux, vallée de
l'Amblève, Remouchamps, Sounier, etc.
Magnée, la Rochette, Froidheid, etc.

G. *Pulmonaria*, Tourn. (Pulmonaire).

Cal. tubuleux, campanulé, à 5 dents et 5
angles. Corol. en entonnoir, à 5 divisions
arrondies, à gorge sans écailles, à 5 faisceaux de poils. Etam. incluses. Carpel.
lisses.

P. Angustifolia L. (P. Commune, en wallon *grands-pères*). Tige de 20 à 25 **cent.**, feuilles garnies de poils courts un peu rudes, les rad^os oval. obl^s, rétrécies en pétiole, les caul^es ov. obl. plus ou moins allongées et sessiles ; fl. bleues ou rougeâtres, (en A^t M^t) ; viv. : bois frais, buissons, Haute-Fraipont, etc.

SOLANÉES.

Calice à 5 lobes. Corolle ordinairement régulière, en roue, en cloche ou en entonnoir. Etam. 5, égales ou presque égales, insérées à la base de la corolle, alternes avec ses lobes. Anthères à 2 loges, ovaire libre. Stigmate simple ou sillonné, bifide. Fr. caps. ou bacciforme à plusieurs semences.

G. *Solanum*. Tourn. (Morelle).

Calice à 5 divisions. Corolle en roue, à 5 lobes. Étam. 5, dressées, conniventes ; baies à 2 loges. Fleurs en petites grappes.

S. Dulcamara L. (M. Douce-amère). Tige de 1 à 2 mètres, sarm^es, grimpantes. F^es en cœur, glabres, les supérieures tronquées ou munies d'oreillettes à la base ; grappes latérales à fruits écarlates. Fleurs violettes (en Mai Sep.) ; viv. : haies, graviers et bords de la Vesdre.

S. Nigrum L. (M. noire, en wallon *Sauvache cropire*). Tige 30 cent., herbacée ; feuilles ovales-dentées, anguleuses ; fruits noirs ; fl. blanc. (J^a A^t) ; ann. : lieux cultivés, décombres, jardins, murs à Nessonv.

S. Tubérosum L. (M. tubéreuse, en wallon *Cropire*). Cultivé partout.

G. *Atropa* L. (Atrope).

Calice campanulé, à 5 lobes. Corolle campanulée, plissée, à 5 lobes courts. Etam. 5, écartées, presque incluses. Baie globuleuse, à 2 loges insérées sur le cal., à la fin accrue.

A. Belladona L. (A. Belladone). Tige de 60 c^m à 1 mètre et plus ; f^s ovales entières, aiguës, d'un vert sombre ; fruits noirs, luisants, gros comme une cerise ; fl. d'un brun livide (en J^n A^t); viv. : bois, Fraipont, Fleer, Henne, Fonds de Forêt, Poulseur, Douflamme, La Rochette, Hamoir. Rare.

G. *Lycium* L. (Lyciet).

Calice urcéolé, court, à 5 dents égales.

Corolle en entonnoir, à 5 lobes. Etam. 5, dans le tube; baie à 2 loges. Arbrisseau épineux.

L. Barbarum L. (L. de barbarie). Arbriss. à rameaux cylindriques très-épineux; f^{es} pétiolées, elliptiques et ov.-rhomboïdales; baies rouges, oblongues; fl. lilas (Jⁿ Sept.); viv. : naturalisé sur les murs, au bord de l'Ourthe, à Rivage-en-Pot, Angleur.

G. *Physalis* L. (Coqueret).

Calice à 5 lobes. Cor. en roue, à 5 lobes. Etamines 5, conniventes, baie globuleuse, à 2 loges, renfermée dans le calice, à la fin renflée en vessie.

. P. Alkekengi L. (C. Alkékenge). Tige de 30 à 70 c^{es}, herbacée; f^{ts} géminées ovales-entières-aiguës; fruit rouge renfermé dans le calice, qui devient rouge aussi et très-renflé, globuleux; fl. blanchâtres axillaires, solitaires (en Jⁿ J^t); viv. : a été indiqué le long d'une haie, sur la montagne, au-dessus de la Nouvelle-Montagne, Forêt et à la Rochette (pas trouvé en cet endroit).

G. *Nicotiana* Tourn. (Nicotiane).

Calice en cloche, à 5 lobes. Corolle plus

longue que le calice, en entonnoir. Etam. 5 incluses. Caps. à 2 loges, à 2 valves ou plus. Graines nombreuses.

N. Rustica L. (N. Rustique, en wallon *toubac*). Tige de 40 à 60 c^{ms}, pubescente, cylind. ; f^{es} pétiolées, ovales. Corolle à tube cylindrique, à lobes arrondis. Fl. jaunâtres paniculées ; rencontré dans un champs de betteraves à Froiheid-Olne, où elle y était presque aussi commune que les betteraves et naturalisée dans un jardin, à Ensival; je l'ai trouvé aussi une fois dans une haie d'un jardin à Douflamme.

G. *Datura* L. (Stramoine).

Calice grand, tubuleux, prismatique, anguleux. Corolle grande, en entonnoir plissé, à 5 angles. Etamines 5, incluses ou presque. Capsule épaisse, ovale, à 4 valves, chargée d'épines ; graines nombreuses noires.

D. Stramonium L. (Str. pomme-épineuse, en wallon *pae d'ratte*). Tige de 30 à 45 c^{es}, rameuse, diffuse ; f^{es} ovales-sinuées-anguleuses, glabres, rétrécies en pétiole. Fl. bl. grandes (en J^n A^t) ; ann. : lieux cultivés et incultes, Fraip., Ness., Vaux, Prayon, etc.

et graviers de la Vesdre ; plante fugace chez nous.

G. *Hyoscyamus* Tourn. (Jusquiame).

Calice en cloche, renflé à la base, à cinq dents, s'accroissant après la floraison. Cor. en entonnoir, à 5 lobes obtus, inégaux. Etamines 5, inclinées. Caps. ovale-comprimée, sillonnée à 2 loges ; graines nombreuses.

H. Niger L. (J. Noire, en wallon *plante di moer*). Tige de 30 à 50 c^{m}, pubescente ; f^{s} embrass.-obl^{gs}-sinuées-anguleuses, à lob. allongés, aigus; les florales presque entières. Fl. jaunes, rayées de brun (en J^n J^t); ann. : lieux pierreux près Hamoir.

VERBASCÉES.

Fleurs hermaphrodites un peu irrégul. Calice à 5 divisions. Corolle en roue à 5 div. un peu inégales. Etamines 5, insérées sur le tube de la corolle et alternes avec ses divis. Filets inég. Anthère à 1 loge. Filets dilatés. Styles soudés en 1. Stigm. entier ou bilobé. Capsules à 2 loges, à plusieurs semences.

G. *Verbascum* L. (Molène).

Calice à 5 parties. Corolle en roue à 5 lob. un peu inégaux. Etamines 5, inég. Capsule ovale ou glabre, à 2 valves et 2 loges.

V. Tapsus L. (M. Bouillon blanc, en wallon *blanc bouillon*). Tige d'environ 1 mètre et plus raide, simple et cotonneuse, blanchât.; f^{es} ovales-crénelées, décurrentes. Corolle presque en roue, à lobes oblongs. Etamines longues, environ 4 fois plus courtes que le filet, entre-nœuds supérieurs de la tige entièrement ailés. Fl. jaunes assez grandes, en grappes épaisses longues (en Jⁿ J^t); bisa.: lieux pierreux, bords des chemins.

V. Nigrum L. (M. noire, en wallon *sauvage blanc bouillon*). Tige de 40 à 80 c^{es}, simple, raide ; f^{es} aiguës, crénelées, presque glabres et vert très-foncé, en dessus rudes, douces en dessous, les inférieures à long pétiole, obl., en cœur ; les supérieures ov.-obl., presque sessiles; pédicelles une fois plus longs que le calice. Fl. jaunes, à laine des étamines violettes (en Jⁿ J^t et A^t); bisann.: haies, coteaux.

V. Lychnitis L. (M. Lychnite). Tige de 60 à 90 c^{es}, anguleuse et rameuse au sommet ;

feuilles crénelées, glabres en dessus, pulvé-
rulentes en dessous, les infér. ellip.-obl.,
rétrécies en pétioles, les autres ovales-obl.-
aiguës. Fl. petites, blanchâtres (en Jⁿ Aᵗ) :
lieux pierreux près Fraipont, Nessonvaux
et Hamoir.

. Variété à fleurs jaunes à Lontras, entre
Fraipont et Trooz.

SCROPHULARINÉES.

Fleurs hermaphrodites. irrégulières. Cal.
irrég. à 4-5 div. Corolle à 4 5 div. quelquefois
prolongée en bosse ou en éperon, irrégul.,
rotacée ou divisée en 2 lèvres écartées ou
rapprochées en gueule. Etamines rarement 2,
souvent 4 dont 2 plus courtes; anthères à 2
loges, ovaire libre. Style 1. Stigmate ordinairement à 2 lobes. Capsule à 2 loges et
plusieurs semences.

G. Veronica Tourn. Veronique.

Cal. à 4, rarement 5 divis. Cor. en roue,
à tube court, à 4 divis. l'inférieure plus petite. Etam. 2. Caps ovale ou obcordée, à 2
loges, comprimée latéralement.

V. Hederœcfolia L (V. à feuilles de lierre).

Tige étalée, rameuse ; feuil. reniformes, à
5 lobes, les supér. à 3. Cal. à divisions, en
cœur à la base. Caps glabre, à 4 graines.
Fl. bleu pâle, solitaires, à l'aisselle des fes
(en A' J") ; ann.: champs.

V. Agrestis L. (V. Rustique). Tiges rameuses, étalées ; feuilles presque en cœur,
incisées-dentées, un peu plus courtes que
les pédoncules à la fin réfléchis. Caps. un
peu en crête sur le dos et à style peu saillants. Fl. bl. ou bleuât., solit., assez petites
(A¹ à Sre) : champs.

V. Polita Fries. (V. Polie). Tige un peu
plus allongée. Caps. à dos arrondi, à style
saillant. Corolle plus grande, d'un bleu vif
(J" J') : lieux cultivés, près Nessonv. et près
Pepinster.

V. Opaca Fries. (V. Opaque). Feuilles
presque rondes, crénelées, ridées, opaques;
lobe du cal. oval. oblᵍ, presque spatulé, obtus, poilu en dehors et sur les bords. Caps.
échancrée, reniforme au sommet, poilue, à
lobe à 2 gr. Fl. souvent blanches (en J" J') :
lieux cultivés, souvent dans les jardins.

V. Persica Poir. (V. de Perse). Tige dressée, à la fin étalée ; feuilles en cœur, grossièrement dentées, plus courtes que les pé-

doncules, filif. Caps. très-comprimée, à lobes très-étalés, ouverts. Fleurs bleuâtres,
rayées, assez grandes : trouvé 2-3 ans de
suite dans un petit lieu cultivé à Haute-
Fraipont; par la suite, ce lieu n'ayant plus
été cultivé, je ne l'ai plus revu.

V. Arvensis L. (V. des Champs). Tige de
6 à 10 cent., étalée. Feuilles serrées, oval.
arrondies, glabres, les inférieures ovales,
en cœur, pétiolées, dentées, opposées et
écartées ; bractées égalant ou dépassant la
capsule. Fleurs bleues, petites (A¹ M¹) :
ann. : pelouses, champs secs, coteaux, vieux
murs.

V. Serpylifolia L. (V. à feuilles de Serpolet). Tige de 6 à 10 cent., dressée ou couchée ; feuilles glabres, oval.-oblong., un
peu crénelées ; bractées plus courtes ou
égalant le calice. Fl. bl. rayées (A¹ Sᵖ) ;
viv. : coteaux. pelouses fraîches, bords des
chemins.

V. Officinalis L. (V. Officinale). Tige demi-
ligneuse, couchée ; feuilles ovales, dentées,
velues, opposées. Caps. glanduleuse ; fl.
petites, en grappes spiciformes d'un bleu
pâle (en M¹ Jⁿ) : bois, champs, bruyères.

V. Scutellata L. (V. à écussons). Tige

rampante à la base, de 20 à 30 cent. ; f^{es}
linéaires, lancéolées, dentelées, glabres ;
pédicelles filif^{es}. Cal. plus court que la capsule. Fl. blanches, quelquefois rosées, et
rayées de bleu (en Jⁿ J^t) ; viv. : endroit marécageux dans l'avenue du Château de Frai-
pont.

V. Anagallis L. (V. Mouron). Tige dressée;
feuilles demi-arrondies, embrassantes, lan-
céolées-aiguës, dentées; capsules arrondies,
obcordées. Fl. bleues, en grappes lâches
(Jⁿ J^t) : fossés, vallée de l'Ourthe.

V. Beccabunga L. (V. Beccabunga, en
wallon *Cresson dichvo*). Tige cylind. radicante, ascendante ; feuilles ellipt., obtuses,
lisses, rétrécies, en pétiole. Cap. arrondie,
obcordée. Fl. bleues, en grappes lâches (Jⁿ
J^t) ; viv. : ruisseaux, fossés.

V. Chamædrys L. (V. Petit-Chêne.) Tige
ascendante, garnie de poils sur 2 lignes
opposées ; feuilles presque sessiles, incisées-dentées, les supérieures ovales, en
cœur. Caps. obcordée, plus large que lon-
gue. Fl. bleues ou bleuâtres (en Mⁱ Jⁿ) ; viv.:
presque partout.

V. Triphyllos L. (V. à trois lobes). Tige
presque dressée ; feuilles inf^{es} en cœur,

dentées, les supér. à 3 lobes linéaires, obtus, profonds, digités ; pédonc. plus long
que le cal. ; caps. ventrue ; fleurs bleues
(en M^s M^i) ; ann. : peut-se rencontrer dans
les champs sablonneux.

G. Scrophularia Tourn. (Scrophulaire).

Cal. à 5 div. plus ou moins profondes.
Cor. presque globul., à 2 lèvres, à 5 lobes
inégaux, les 2 supérieurs plus grands, dressés. Etam. 5, les 3 infér. petites, réféchies,
Caps. à 2 loges, à plusieurs semences.

S. Nodosa L. (S. Noueuse). Tige de 60 à
85 cent., glabre, à 4 angles aigus ; f^{es} en
cœur, ovales ou oblong., aiguës, glabres,
inégalement dentées, presque à 3 nervures;
lobes du cal. glabres, arrondis, scarieux
aux bords. Fleurs d'un rouge noir, petites
(en J^n A^t) ; viv. : lieux frais, haies, bords
des fossés.

S. Aquatica L. (S. Aquatique). Tige de
60 à 85 cent., glabre, à 4 angles ailés ; f^{es}
ovales, presque en cœur, simplement dentées, glabres. Cal. peu scarieux au bord.
Fl. pourpre noir (en J^n J^t) : lieux humides,
bords des eaux.

G. Digitalis Tourn. (Digitale.)

Cal. à 5 divis. inég. Corol. tubuleuse, en cloche ou ventrue en avant, à 4-5 lobes inégaux. Etam. 4, incluses. Caps. biloculaire à plusieurs semences. F^{es} éparses.

D. Purpurea L. (D. Pourprée, en wallon *Deuquais*). Tige de 75 cent. à 1 mètre ; f^{es} grandes, oblong., lancéolées, crénelées. Corol. à 4 lobes obtus et courts. grande, purpurine, ponctuée en dedans (en J^n J^t ;) viv. : bois et champs montueux, H^{te}-Fraip., Louvegnez, etc., etc.

D. Lutea L. (D. Jaune). Tige de 30 à 60 cent., glabre ; feuilles lanc. dentées. Cor. à tube étroit, à 5 lobes aigus, l'inf^r réfléchi. Fl. jaunes, petites, en grappes unilat. (en J^n J^t) ; viv. : lieux pierreux, prés Hamoir.

G. Antirrhinum Juss. (Muflier.)

Cal. à 5 div. prof^e. Cor. à tube large, bossue à la base, à palais ample, en gueule ; lèvre sup. à 2 lobes, l'inf. à 3. Etam. 4, incluses. Capsule à 2 loges, à plusieurs semences.

A. Orontium L. (M. rubicond, Tête de mort). Tige de 20 à 40 cent. dressée ; feuill.

opposées, alternes, linéaires, oblong. ; cal.
plus long que la corolle et que la caps. Fl.
rouges (en $J^n A^t$) ; ann. : moissons.

A. Majus L. (M. à gr. fleurs, en wallon
gueues di lion). Tige de 30 à 50 cent., raide,
pubece, glanduleuse au sommet; feuilles
pétiolées, oblong., lanc., glabres, la plupart opposées. Cal. à lobes larges, obtus,
plus court que la corolle. Fl. jaunes, rouges
ou blanches, grandes, en grappes (en J^n) ;
viv. : murs, bord d'un bois, talus du chemin de fer, Nessonvaux, Goffontaine, Fleer,
et cultivé.

G. *Linaria* Juss. (Linaire).

Cal. à 5 div. ; corolle en gueule, éperonnée à la base, à lèvre supér. à 2 lobes, l'inférieure à 3, ordinairement bossue à la base.
Etam. 4, incluses. Caps. à 2 loges, à plusieurs semences.

L. Minor Desf. (L. petite). Tige de 15 à 25
cent., dressée, diffuse, rameuse, un peu velue ; feuilles oblong. obtuses, les inf. opposées, les supér. plus étroites, alternes ;
pédonc. axil. plus long que le cal. Fl. blanchâtres, violettes, à palais jaunât., petites,

écartées (en Jⁿ J') : lieux incultes et cultivés, décombres.

L. Elatine Desf. (L. Elatine). Tige de 15
à 25 cent., velue, diffuse ; feuilles ovales-
hastées, les sup. alternes, pointues ; div.
du cal: lanc⁵ᵉ aiguës. Fl. jaunes, mêlées de
bleu violet, rayées, petites (en Jⁿ J') : champs
bords des chemins.

L. Cymbalaria Mill. (L. Cymbalaire). Tige
de 30 à 45 c., rampante, diffuse, glabre ; f⁵ᵉˢ
la plupart alternes, réniformes, en cœur, à
5-7 angles arrondis ou en coin, un peu mucronées. Calice aigu ; éperon obtus, un peu
courbé. Fleurs bleuâtres, à palais jaune
(en Jⁿ Oct.) ; vivace : vieux murs, Prayon,
Vaux-sous-Chèvremont, Liége et Herstal.

L. Striata D. C. (L. Striée) Tige de 15 à
30 c⁵ᵗ, dressée; f⁵ᵉˢ lancéolées, linéaires, les
supérieures éparses. Fl. blanc-bleuâtre (en
Jⁿ J') ; viv. : murs de la Vesdre, à Haute-
Fraipont, 10 à 20 pieds.

L. Vulgaris Mœnch (L. Vulgaire). Tige
d'environ 30 c⁵ᵗ, dressée ; feuilles linéaires,
éparses, glabres; fl. jaunes, à palais safrané
(en Jⁿ J') ; viv. : haies, bords des chemins,
lieux cultivés.

G. Pedicularis Tourn. (Pédiculaire).

Calice renflé, ventru, à 5 dents inégales. Corolle à 2 lèvres, la supérieure en casque, comprimée et souvent échancrée. Etam. 4, incluses sous le casque. Capsule à plusieurs semences et 2 valves.

P. Sylvatica L. (P. des bois ou herbe aux poux des bois). Tige de 10 à 20 c^{es}, rameuse dès sa base, étalée ou couchée ; feuilles pinnatifides, à lobes linéaires, dentées, ovales ; fl. rouges (en M^i J^n) ; ann. : bois, bruyères.

P. Palustris L. (P. des marais ou herbe aux poux des marais). Tige plus haute, rameuse à sa partie moyenne ; f^{es} pinn. à lobes linéaires, dentées ; lèvre supérieure de la corolle à 4 dents. Fleurs rouges (en J^n J^t) : marais, Haute-Fraipont, Jonckeu-Polleur, Ardenne, etc.

G. Rhinanthus L. (Rhinanthe).

Calice renflé, à 4 dents. Corolle à 2 lèvres, la supérieure en casque, comprimée, l'inférieure plane, à 3 lobes. Etam. 4, incluses. Capsule à plusieurs semences, ovoïde, obtuse, comprimée, à 2 loges.

R. Major Ehr. (R. majeure, en wallon *poelle vesseie* ou *cresse di coq*). Tige simple, de 20 à 30 c^es ; f^tes lancéolées, crénelées et sessiles, un peu rudes. Cor à tube courbé, dépassant beaucoup le calice ; bractées jaunâtres, pubescentes. Fl. jaunâtres (en M^i J^n) : prés humides, Fr., Theux, Louvegnez, Ardenne, etc.

R. Minor Ehr. (E. à petites fleurs). Tige un peu plus basse. Corolle à tube dépassant peu le calice ; bractées vertes, ordinairement glabres ; fl. jaunâtres (J^n J^t) ; ann. : prairies sèches, bruyères, Fraipont, etc.

G. Melampyrum Tourn. (Mélampyre).

Calice tubuleux, à 4 divisions. Corolle à 2 lèvres ou presque en gueule ; lèvre supér. en casque, comprimée, l'inférieure plane, à 3 lobes. Étamines 4, incluses. Caps. obl. aiguë, comprimée, à 2 loges et 1 semence.

M. Pratense L. (M. des prés). Tige de 15 à 25 c^es ; f^ts glabres, lancéolées ou ovales lanc., les inférieures entières, les florales vertes ou noirâtres, hastées et pinnatifides à leur base ; fl. jaunâtres (en J^n J^t) ; ann. : dans tous les bois.

M. Arvense L. (M. des champs, en wallon *cawe di r'nau*). Tige de 25 à 40 c**, dressée; f** un peu pubescentes, les inférieures lanc.-linéaires,. les supérieures pinnat. à la base; bractées rouges, ovales-planes et pinnat Fl. rouges à gorge jaune (J** J**) : champs, moissons.

G. Euphrasia L. (Euphraise).

Calice tubuleux ou en cloche, à 4 divis. Corolle à 2 lèvres, la supérieure en casque, l'inférieure plane, à 3 div. Etamines 4, incl. ou saillantes. Caps. ovoïde, aplatie, à 2 v**.

E. Officinalis L. (E. Officinale ou casse-lunette). Tige de 5-10 c**, simple ou rameuse; f** sessiles, glabres, ov., incisées, dentées ; lèvre inférieure de la corolle à lobes dentés; fl. blanches, rayées de violet (en J** A**); ann.: prairies sèches, coteaux, bois.

E. Odontites L. (E. Odontite). Tige de 15 à 25 c**, ascendante, rameuse, pubescente, lancéolée, linéaire, dentée. Corolle à lèvres inférieures à lobes entiers. Fl. rouges (en J** J**); ann. : moissons, lieux cultivés, haies.

OROBANCHÉES.

Calice bractéiforme, à 2 lobes souvent

bifides ou en cloches et 4 divisions. Corolle
irrég., bilabiée; Etamines 4, dont 2 grandes
et 2 petites, à anthères épineuses. Ovaire 1,
simple. Style 1. Stigmate 1, le plus souvent
à 2 lobes. Caps. souvent à 1 loge, 2 valves
et plusieurs semences. Pl. à tige herbacée,
garnie d'écailles au lieu de feuilles.

G. Orobanche L. (Orobanche).

Fleurs dépourvues de bractéoles, latérales.
Corolle unipétale, irrég., à 2 lèvres. Etam. 4,
anthères glabres. Stigmate simple. Capsule
ovoïde, aiguë, à 1 ou 2 valves.

O. Rapum Thuill. (O. Rave). Tige de 20 à
30 c", grosse, anguleuse, souvent renflée à
la base; f" remplacées par des écailles;
filets des étamines glabres à la base, un peu
glanduleux au sommet. Plante parasite sur
le genét. Fleurs jaunâtres (en J" J'); vivace :
Haule, la Bruyère, Heid-Mawet et Fraipont.

O. Minor Sutt. (O. petite). Plante un peu
visqueuse, un peu plus basse. Feuilles remplacées par des écailles. Corolle pubesc. en
dehors. Style glabre, quelquefois un peu
velu; lobes du calice inégaux. Fl. petites,
violacées (en J" J'); viv. : dans les trèfles et

le chardon à lainer (parasite sur la racine du trèfle.)

UTRICULARIÉES.

Calice à 2 ou 5 parties. Corolle irrégul., prolongée en un éperon, bilabiée. Etam. 2, à anthères à 1 loge. Ovaire 1, simple. Style 1. Stigmate 1, simple ou bifide. Capsule à une loge et plusieurs semences. Plantes aquatiques; feuilles munies de petites vésicules.

G. Utricularia L. (Utriculaire).

Calice à deux lèvres entières. Corolle en gueule, dont la lèvre supérieure entière, prolongée à la base en 1 éperon dirigé en avant. Etamines 2.

U. Vulgaris L. (U. vulgaire). Tige de 15 à 25 c⁰⁰; f⁰⁰ à divisions ramifiées et finement denticulées; éperon 3-4 fois plus long que large. Lèvre supérieure de la cor. entière. Stigmate hispide. Hampe portant de 4 à 10 fleurs jaunes (en Jⁿ Jᵗ); viv. : fossés à l'île Monçin près Jupille.

LABIÉES.

Fleurs hermaphrodites, irrégulières. Cal.
tubuleux à 5 dents ou à 2 lèvres, rarement
presqu'entier. Corolle à 2 lèvres, à lèvre
supérieure souvent bifide, quelquefois tronquée ou presque nulle ; lèvre inférieure à 3
lobes. Etamines 4, rarement 2, dont 2 plus
courtes insérées sous la lèvre supérieure.
Ovaire à 4 lobes. Style 1. Stigmate 1, simple
ou bilobé. Fruit formé de 4 graines cachées
au fond du calice. Herbes ou sous-arbrisseau à tige à 4 angles et feuilles opposées
simples, rarement mult.

G. Mentha L. (Menthe).

Calice tubuleux à 5 dents. Corolle en
entonnoir, à tube court à 4 lobes, le supér.
plus large, souvent émarginé. Etamines 4,
égales, étalées. Fl. petites, purpurines ou
blanches, en glomérules ou en épis.

M. Rotundifolia L. (M. à feuilles rondes).
Tige de 30 à 50 c^{es}, velue ; feuilles velues,
surtout en dessous, obtuses, à nervures
saillantes ; bractées ovales ou lancéolées.
Fl. purpurines ou blanches, en épis (J^t A^t) ;
viv. : bords de la Vesdre et des ruisseaux.

M. Sylvestris L. (M. Sauvage). Tige de 40 à 55 c^s, velue, blanchâtre ; f^es obl.-lanc., inég. dentées, sessiles, velues, surtout en dessous ; bractées linéaires aiguës. Fleurs purpurines (en J^t A^t) ; vivace : mêmes lieux que la précédente.

Ces deux espèces de Menthe ainsi que les suivantes, forment un grand nombre de variétés dont les botanistes ont fait beaucoup d'espèces et dont j'en ai une monographie sous les yeux.

M. Viridis (M. verte). Plante verte. Tige gl. rougeâtre à la base ; feuilles subpétiolées glabres, souvent tachées ; bractées étroites, longues et sétacées : lieu inculte près Nessonvaux.

M. Piperita (M. poivrée). Tige de 40 à 50 c., ascendante ; f^es ovales-oblongues ou obl.-lancéolées vertes ; bractées lanc. en aléne : lieu inculte à la Bouteille-Olne.

M. Aquatica L. (M. aquatique). Tige de 30 à 50 c^s ; feuilles ovales-arrondies-aiguës, dentées et longuement pétiolées. Fleurs disposées en tête, purpurines (J^t A^t) : bords des eaux, Fraipont, Chaufontaine, Herstal et vallée de la Vesdre.

M. Neptoïdes Lej. (M. Neptoïde). Hybride des Menthes aquatica et sylvestris : Fraip., Goffontaine, Vaux-sous-Olne, La Rochette et vallée de la Vesdre.

M. Sativa L. (M. cultivée). Tige presque glabre ; feuilles pétiolées, ovales, dentées. Corolle une fois plus longue que le calice qui est allongé, rétréci à la base; les feuilles diminuent brusquement de grandeur au sommet de la tige. Fleurs en verticilles (en $J^t A^t$) ; vivace : bords des eaux, fossés.

M. Rubra Sm. (M. rouge). Forme de cette dernière espèce à tige rouge et glabre, se rencontre par-ci par-là aux bords de la Vesdre et des ruisseaux environnants, Trooz, Fleer, etc.

M. Arvensis L. (M. des champs). Tige couchée ou ascendante, hérissée, rameuse et diffuse ; f^{es} hér. pétiolées ov.-crénelées-dentées. Calice court, glob. en cloche. Etam. incluses. Fleurs purpurines en verticilles : champs, moissons, bords des chemins.

M. Pulegium L. (M. Pouliot) Tige rameuse, étalée, glabre ou presque, ainsi que les f^{es} qui sont pétiolées ovales-obtuses, à peine crénelées. Calice hérissé à 2 lèvres, fermé à la gorge par un anneau de poils ; bractées très-petites, réfléchies. Tige terminée par des feuilles. Fleurs purpurines (en Jt At); viv. : a été indiqué à Herstal et à Vivegnis.

G. *Hysopus* L. (Hysope).

Calice à cinq dents presque égales, strié. Lèvre supérieure de la corolle courte et celle inférieure à 3 lobes, les latéraux non réfléchis. Etamines droites, écartées.

II. Officinalis L. (H. officinale, en wallon *isiole*). Tige presque ligneuse, un peu rameuse; feuilles sessiles lancéolées linéaires-entières; fleurs axillaires fasciculées-unilatérales, en épis allongés, bleues (Jⁿ Jᵗ); viv.: vieux murs près le pont St-Léonard, à Liége.

G. *Lycopus* L. (Lycope).

Calice en cloche, à 5 dents. Corolle en entonnoir, à tube court, à 4 lobes, le supér. souvent émarginé. Etamines 2. Fleurs en glomérules à l'aisselle des feuilles.

L. Europæus L. (L. d'Europe). Tige de 40 à 70 cᵐ; feuilles pétiolées-ovales-lancéolées, profondément dentées, presque pinnat. Fl. bl. petites, en verticilles (Jⁿ Jᵗ); vivace : bords des eaux, Vesdre, etc.

G. Salvia L. (Sauge).

Calice presque en cloche, à 2 lèvres, la supérieure trifide ; l'inférieure bifide. Cor. à 2 lèvres, la supérieure en casque, l'infér. trilobée. Etamines fertiles 2, filets courts.

S. Officinalis L. (S. officinale, en wallon *secche*). Est cultivé dans les jardins.

S. Sclarea L. (Sauge ovale). Tige 40 à 65 c.; feuilles en cœur-ovales-velues. Fleurs d'un bleu cendré (J^n J^t) : indiqué dans les lieux pierreux, Rechain, Ensival, etc.

S. Pratensis L. (S. des prés). Tige de 30 à 50 c^{es}, presque simple, pubescente ; feuilles radic. ovales-oblongues, obtuses, crénelées ou incisées en cœur, à la base très-ridée, celles de la tige peu nombreuses, sessiles ; bractées ovales en cœur, comme réfléchies, plus courtes que le calice. Fleurs bleues, en verticilles, presque nues, écartées (en J^n J^t) : pelouses, lieux pierreux, indiqué à Oneux, à Juslenville, etc.

G. Origanum L. (Origan).

Calice tubuleux-campanulé à cinq dents. Corolle à lèvre supérieure échancrée, l'inf^{re}

étalée, à 3 lobes presqu'égaux. Etamines **4,** saillantes, divergentes, les inférieures **un** peu plus longues. Fl. en épillets rapprochés, **en** corymbe paniculé.

O. Vulgare L. (O. commun, en wallon *sauvage mariolaine*). Tige de 30 à 48 c^{es}, pubescente, peu rameuse; feuilles pétiolées, largem^t ovales, obtuses, presque dentelées. Fleurs purpur. (en J^t A^t) ; vivace : coteaux, lisière des bois.

O. Marjorama L. (O. Marjolaine, en wallon *mariolaine*). Est cultivé.

G. *Thymus* L. (Thym),

Calice à deux lèvres, la supérieure trifide, l'inférieure bifide, formée par un anneau de poils. Corolle à lèvre supér. émarginée, l'inférieure à 3 lobes presque égaux. Etam. **4,** saillantes. Fl. en glomérules rapprochés en têtes ou en épis terminaux.

T. Serpyllum L. (T. Serpolet, en wallon *poleur*). Tige de 10 à 20 c^v, couchée; feuilles petites, ovales, entières Fleurs purpurines (en J^n J^t); vivace : pelouses, lieux pierreux, bruyères.

T. Acinos L (T. Basilic). Tige de 15 25 c.,

ascendante-tombante ; f^{es} ovales, dentées **au** sommet. Fl. en glomérules axillaires, **non** pédonculées (Jⁿ J^t) ; ann. : lieux **pierreux,** Goffontaine, Froiheid, Forêt, **Magnée,** Theux, Hamoir, etc., etc.

G. Clinopodium Tourn. (Clinopode).

Calice à 5 dents ; lèvre supérieure **de la** corolle dressée, émarginée, l'inférieure étalée, à 3 lobes, celui du milieu plus **grand.** Etamines 4, sous la lèvre supérieure de **la** corolle. Fleurs en glomérules, munies d'un involucre à folioles sétacées. Tige de **25 à** 40 c^{es}, velue-blanchâtre, ainsi que les f^{es} qui sont ovales-dentées-subpétiolées. **Fleurs** rouges en têtes arrondies (en Jⁿ J^t) : **haies,** bords des bois.

G. Mélissa L. (Mélisse).

Calice tubuleux nervulé, velu à la **gorge,** souvent arqué à la base, à 2 lèvres, la **sup^{re}** à 3 dents, l'inférieure bifide. Corolle à **lèvre** supérieure dressée-échancrée, l'inférieure étalée, à 3 lobes arrondis, celui du **milieu** plus large. Etamines 4, sous la lèvre **supér.** de la corolle.

M. Officinalis L. (M. officinale). Tige de 50 à 80 c^{es}, velue, ainsi que les feuilles qui sont pétiolées, ovales, crénelées, dentées, tronquées ou en cœur à la base ; bractées ovales, aiguës, entières. Fl. bl. petites, en verticilles axillaires pédicellées (en J^n J^t) ; vivace : haies, Froiheid, Soiron, Fonds de Forêt, Prayon, etc.

M. Grandiflora Mœnch. (M. à gr. fleurs). Fleurs beaucoup plus grandes, rouges et à 3-4 par pédoncules. Est cultivé.

G. Nepeta L. (Népéta).

Calice tub. à 5 dents égales ou presque. Corolle à tube étroit, à gorge dilatée, à 2 lèvres, la supérieure un peu concave, bifide, l'inférieure étalée à 3 lobes, les latéraux courts, celui du milieu grand et crénelé. Étamines 4, sous la lèvre supérieure, les 2 inférieures plus courtes.

N. Cataria L. (N. Chataire ou herbes-aux-chats, en wallon *hieppe di chet*). Tige de 50 à 90 c^{m}, blanchâtre ; feuilles pétiolées, en cœur, aiguës. Fleurs bl. ou ponctuées de rouge, en verticilles épais (en J^n J^t) : lieux pierreux, montueux, Vaux-sous-Olne et Prayon.

G. *Glechoma* L. (Gléchome).

Calice tubuleux, à nervures et 5 dents.
Corolle à tube saillant, à gorge renflée, lèvre
supérieure dressée, échancrée ou à 2 lobes,
l'inférieure à 3 lobes, plus longue, à lobe du
milieu plus grand, entier. Etamines placées
sous la lèvre supérieure.

G. Hederacea L. (G. Lierre-terrestre, en
wallon *aisse*). Tiges couchées, radicantes ;
feuilles réniformes-arrondies, crénelées,
pétiolées et velues à la base. Fl. bleuâtres
axillaires (en J^n J^t); vivace : haies, etc.

G. *Lamium* L. (Lamier).

Calice à 5 dents aiguës. Corolle à gorge
renflée, à 2 lèvres, la supérieure en voûte et
entière, l'inférieure à 3 lobes inégaux, les
2 latéraux plus petits. Etamines 4, rapprochées sous la lèvre supérieure, les 2 infér.
plus longues.

L. Album L. (L. blanc, en wallon *blanque
ourteie*). Tige de 30 à 50 centim., velue au
sommet ; feuilles pétiolées, ovales-cordées,
pubescentes. Fl. bl. (Mt Oct.) ; viv. : haies,
lieux herbeux.

L. Amplexicaule L. (L. amplexicaule).
Tige de 12 à 25 c", couchée à la base ; f""
réniformes-orbiculaires, incisées, crénelées,
les inférieures pétiolées, les supérieures
embrassantes. Fl. purpurines (A¹ M¹ A¹ S™) :
lieux cultivés, murs.

L. Hybridum Will. (L. hybride). Tige de
15 à 25 c", ascendante ; feuilles en cœur,
ridées, profondément incisées, les supér.
rhomboïdes, serrées. Fl. purpurines (A¹ M¹) :
lieux couverts, Vaux-sous-Olne, Fonds de
Forêt, Jupille, etc.

L. Maculatum L. (L. taché). Tige couchée,
ascendante, tombante ; feuilles médiocres,
tachées de blanc, en cœur, accuminées,
dentées. Corolle à tube courbé, purpurine,
grande, 10 à 15 par verticille (en J¹ A¹) :
dans un coin de la place de la Chapelle à
Haute-Fraipont.

L. Purpureum L. (L. pourpre). Tige de 15
à 25 c", presque nue à la base ; f"" pétiolées,
ovales, en cœur, crénelées, ridées, dentées,
pubescentes. Fleurs purpurines (d'Av. à S™);
viv. : lieux cultivés, pieds des murs, lieux
incultes.

G. *Galeobdolon* Huds. (Galéobdolon).

Calice en cloche à 5 dents aiguës, inég.

Corolle à lèvre supér. entière, en casque, l'inférieure à 3 lobes, le lobe du milieu plus long.

G. Luteum Huds. (G. jaune, en wallon *jenne ourteie*). Tige de 30 à 50 c^{es}, pubesc. ; feuilles comme en cœur, ovales, dentées, à pétiole velu. Fl. jaunes verticillées par 6-15 (en M^t J^n) ; vivace : haies et bois.

G. *Galeopsis* L. (Galéope).

Calice en cloche, à 5 dents épineuses. Corolle à lèvre supér., en voûte, crénelée, l'inférieure étalée, à 3 lobes lancéolés, les 2 latéraux plus petits. Etam. 4, rapprochées sous le casque, les 2 infér. plus longues.

G. Angustifolia Ehr. (G. à feuilles étroites). Tige de 30 à 40 c^{es} ; feuilles linéaires lanc., à une ou 2 paires de dents écartées. Fleurs purpurines (J^t A^t) : lieux pierreux.

G. Ochroleuca Lam. (G. douteuse). Tige de 30 à 35 c^{es} ; feuilles pétiolées, ovales, lancéolées, dentées et pubescentes. Fl. bl. jaunâtres (en J^n J^t) : lieux pierreux.

G. Tetrahit L. (G. Tétrahit, en wallon *ourteie di grains*). Tiges de 30 à 35 centim., à entre-nœuds renflés ; feuilles pétiolées, ovales-dentées, un peu rudes. Fl. purpurines ou blanches (J* A*) ; ann. : bois, moissons.

G. *Stachys* L. (Épiaire).

Calice anguleux, à 5 dents. Corolle à 2 lèvres, la supérieure voûtée et échancrée, l'inférieure étalée, trilobée, à lobe du milieu plus grand. Étamines 4, sous la lèvre supérieure de la corolle, les 2 inférieures plus longues, à la fin se rejetant en dehors de la corolle ; Fleurs en glomérules rapprochés en épis terminaux.

S. Alpina L. (E. des Alpes). Tige de 40 à 60 c^es, dressée, velue, hérissée ; feuilles inf. ovales, pétiolées, en cœur, aiguës, d'un vert grisâtre, dentées. Fl. purpurines (en J^n J^t) ; vivace : lieux secs, montueux, près Trasinster-Fraipont. Rare.

S. Sylvatica L. (E. des bois, en wallon *roge* ou *flairante ourteie*). Tige de 40 à 60 c., raide-velue ; f^es à longs pétioles, grandes, ovales, en cœur, aiguës, grassement dentées. Fleurs rouges, tachetées de blanc (en J^t A^t); vivace : bois humides, haies.

S. Palustris L. (E. des marais). Tige de 30 à 40 c^es, peu velue ; feuilles longues lanc.-dentées-sessiles. Bractées plus courtes que les fleurs, qui sont purpurines, 6 à 8 par verticilles, en épi terminal feuillé (en J^t Août) ; vivace : bords des fossés, champs.

S. Arvensis L. (E. des champs). Tige de 10 à 25 c., faible-simple ou rameuse hérissée; feuilles en cœur, presque rondes, obtuses-crénelées, les inférieures pétiolées. Fleurs purp. petites, 2-6 par verticilles (en Jt At) ; ann. : champs, lieux cultivés.

G. *Betonica* Tournef. (Bétoine).

Calice tubuleux-cônique, à 5 dents égales mucronées épineuses. Corolle à lèvre sup. droite, presque plane et entière, l'inférieure à 3 lobes, le moyen plus grand. Etamines 4, rapprochées sous la lèvre supérieure, les 2 inférieures plus longues.

B. Officinalis L. (B. officinale). Tige de 35 à 50 c^{es}, velue-dressée ; feuilles ovales, en cœur à la base, crénelées, à paire, espacées sur la tige, les inférieures pétiolées. Fleurs rouges (en J^n Jt) : bois.

G. *Marrubium* L. (Marrube).

Calice tubuleux plus ou moins velu à la gorge, à 10 dents inégales. Corolle à 2 lèv., la supérieure bifide-droite, l'infér. étalée, à 3 lobes, le moyen grand. Etam. 4, incluses, les inférieures plus longues.

M. Vulgare L. (M. commun, en wallon *maroupe*): Tige de 30 à 45 c", cotonneuse, blanchâtre, ainsi que les feuilles qui sont ovales-arrondies, ridées et crénelées. Fleurs blanches, petites, en verticilles serrés (en J" Juillet) ; vivace : sur un coteau à Prayon et Forêt.

G. *Ballota* Tourn. (Ballote).

Calice camp. à nervures-saillantes, à 5 dents pliées en longs, presque égales. Cor. à 2 lèvres, à tube muni d'un rond de poils, la supérieure crénelée et concave, l'infér. à 3 lobes obtuses, celui du milieu plus grand. Etamines 4, sous la lèvre supérieure, les 2 inférieures plus longues.

B. Fœtida Lam. (B. Fœtide, en wallon *neure maroupe*). Tige de 35 à 60 c., pubesc., rameuses ; f" ovales, arrondies, crénelées, d'un vert foncé et pétiolées. Fl. rougeâtres (J" J'); vivace : haies, lieux incultes dans la vallée de la Vesdre, de l'Ourthe et de la Meuse.

B. Alba L. (B. blanche). Tige de 35 à 55 c.,

blanchâtres, ainsi que les feuilles qui sont arrondies, un peu plus petites et à dents aiguës. Fl. blanches (J^n J^t) ; viv. : coteaux à Haleur et à Limbourg.

G. *Leonurus* L. (Agripaume).

Calice à 5 angles et 5 dents aiguës; lèvre supér. de la corolle plane et velue, l'inférieure à 3 lobes presque égaux, les latéraux oblongs, le moyen plus grand. Etamines 4, rapprochées et parallèles, sous la lèvre supérieure de la corolle, les 2 inférieures plus longues.

L. Cardiaca. L. (A. Cardiaque). Tige de 70 à 90 c^{es} et plus, dressée, à 4 angles et pubescente; feuilles digitées profondément, en 3-5 lobes dentés. Fleurs rouges tachetées de blanc (en J^n J^t) : haies, Halinsart-Fraip., Hansez, Olne, Prayon, Ninane-Chaudfontaine, etc.

G. *Brunella* Tourn. (Brunelle).

Calice tubuleux, campanulé, à 2 lèvres, la supérieure plane, trifide, l'inférieure bifide. Corolle bilabiée, à tube poilu, lèvre supér. en casque, l'inférieure à 3 lobes, le moyen échancré. Etamines 4, les 2 intérieures plus longues; filets munis d'un tubercule ou d'une pointe sous le sommet. Fl. en glom. rapprochés, en épis terminaux.

B. Vulgaris L. (B. vulgaire, en wallon *p'tit bonnet*). Tige de 15 à 25 c^{es}, ascendante. F^{es} pétiolées, ovales, oblongues, un peu dentées. Fleurs rouges (J^n J^t) ; viv. : lieux herbeux, bois, prairies.

B. Alba Pal. (B. blanche). Tige de 15 à 25 c^{es}, ascendante; feuilles supérieures pinn., dents de la lèvre inférieure du calice profondes, étroites et ciliées ; fl. bl.-jaunâtre (en J^n J^t) ; viv. : dans un champ de luzerne d'un endroit calcaire près la station de Nessonvaux. Rare.

G. *Scutellaria* L. (Scutellaire).

Calice campanulé, à 2 lèvres entières, presque égales. Corolle à 2 lèvres, la supér. presque droite, voûtée, l'inférieure trilobée. Etamines 4, sous la lèvre supér., les 2 inf. plus longues.

S. Galericulata L. (S. Toque). Tige de 25 à 35 c^{es}, à 4 angles; feuilles un peu pétiolées, cordées, lancéolées. Fleurs bleues à tube courbé et solitaires à l'aisselle des feuilles (en J{n} J{t}); vivace : bords des eaux, près Fraipont, Herstal, Val-Benoit, etc.

S. Minor L. (S. naine). Tige grêle de 10 à 15 c{es}; feuilles entières ou à 1-3 paires de dents à la base; calice à tube droit. Fleurs rougeâtres, petites ; vivace : tourbières des bois et des bruyères.

G *Ajuga* L. (Bugl).

Calice en cloche, à 5 dents presqu'égales. Corolle à lèvre supérieure très-courte, émarginée, l'inférieure à 3 lobes, plus grande. Etam. 4, rapprochées, saillantes, les 2 inférieures plus longues.

A. Reptans L. (B. rampante). Tige souvent solitaire, à rejets rampants, longs, feuillés et nombreux, velue sur 2 faces; f{es} ovales-oblongues, ondulées, un peu crénelées. Fleurs bleues, (A{l} J{n}) : prairies et bois humides.

A. Genevensis L. (B. de Genève). Tige de 15 à 20 c{es}, sans rejets rampants; f{es} radic. et infér. peu pétiolées, ovales-crénelées, plus étroites que celles de la tige. Fl. dépassant les bractées au sommet de la tige, en épis lâches, bleues (en J^n J^t) : bois pierreux et montueux à Rocheux-Theux.

A. Pyramidalis L. (B. Pyramidale). Tige 15-20 c^es, velue ; f^es ovales-oblongues-pub. ; bractées colorées. Fl. rougeâtres, disposées en verticilles et en épi pyramidal (en M^i J^t); viv. : a été indiqué rare dans les bois montueux, champs et bruyères.

A. Chamæpitys Schr. (B. petit pin). Tige 8 à 15 c^es, couchée, rameuse, velue ; feuilles à 3 divisions linéaires très-profondes. Fl. jaunes, solitaires, sessiles, à l'aisselle des feuilles (en J^n J^t) ; ann. : bois pierreux, montueux à Rocheux-Theux.

G. Teucrium L. (Germandrée).

Calice en cloche, à 5 dents, quelquefois la supérieure plus grande. Corolle à lèvre superieure à peine visible, l'inférieure trilobée, le lobe moyen beaucoup plus grand. Etam. 4, saillantes, les 2 inférieures plus longues.

T. Scorodonia L. (G. des bois). Tige de 30 à 50 c^es, dressée, ferme, velue ; f^es pétiolées, ovales-cordées et pubescentes, ridées-crénelées. Fleurs jaunâtres, en grappes latérales (J^n J^t) : champs, bois.

T. Botrys L. (G. Botryde). Tige de 25 à 30 c^{es}, très-rameuse ; f^{es} découpées en segments nombreux et petits. Fl. purp. pédonculées, en demi verticilles, axillaires (J^n J^t) ; ann. : champs pierreux, Fraipont, Forêt, Hamoir, Theux, etc. (Chacune de ces stations est calcaire).

T. Chamædrys L. (G. Petit-Chêne). Tiges de 15 à 30 c^{es}, ligneuses, comme ascendantes; feuilles pétiolées, ovales-crénelées ; pédicelles 2 fois plus courts que le calice. Fleurs purpurines, en demi verticilles, axillaires, à 6 fleurs (en J^n J^t); vivace : coteaux, rochers à Rocheux-Theux.

VERBÉNACÉES.

Fleurs hermaphrodites plus ou moins irrég. Calice à 4-5 divisions égales ou inég. Corolle caduque, tubuleuse, ordinairement un peu bilabiée, à 4-5 lobes. Etam. insérées sur le tube de la corolle au nombre de 4 dont 2 plus courtes; ovaire libre à 2-4 loges. Style 1. Stigmate simple ou bilobé. Fruit à 4 graines. Feuilles opposées, dépourvues de stipules. Tige à 4 angles.

G. *Verbena* Tourn. (Verveine).

Calice tubuleux, à 5 dents. Corolle à tube courbé, presque plane et presque à 2 lèvres, la supérieure échancrée, l'inférieure à lobes presque égaux. Caps. à 4 loges figurant 4 graines nues.

V. Officinalis Tourn. (Verveine officinale, en wallon *vervenne*). Tige de 30 à 50 cent., raide. Feuilles profondément incisées, à lanières nombreuses. Fl. bleuâtres, petites, en épis grêles, allongés (en Jn Jt); ann.: bords des chemins, lieux incultes.

VACCINIÉES.

Fleurs hermaphrodites, régulières. Calice à tube soudé avec l'ovaire, à 4-5 divisions. Corolle monopétale, en cloche, urcéolée ou en roue, à 4-5 divis. Etamines 8, insérées avec la corolle au sommet du tube du calice. Anthères prolongées quelquefois en un tube ouvert ou quelquefois munie d'un appendice dorsal. Style soudé en 1. Stigmate capité. Baie surmontée par le calice persistant. Sous-arbrisseaux à feuilles alternes et coriaces.

G. *Vaccinium* L. (Airelle).

Calice à 4-5 dents, plus rarement entier. Corolle urcéolée ou campanulée, à 4-5 lobes recourbés. Etamines 8-10. Sous-arbrisseaux à tiges ascendantes ou dressées.

V. Myrtillus L. (Airelle Myrtille, en wallon *frambauhy*). Tige ligneuse, de 20 à 30 c^{es}, rameuse; f^{es} ovales-dentées, glabres-caduq. Fl. roses (en $A^1 M^1$); fruits noirs; viv. : bois.

V. Uliginosum L. (A. des Fanges, en wallon *frambauhy d'leu*). Tige de 65 à 80 centim., ligneuse ; feuilles obov., lanc., entières, caduques. Fl. pourpre clair (en $J^n J^t$). Fruits plus gros, noirs ; viv. : bois et bruyères humides, Spa, Sart, Hockai, Coquaifagne, Francorchamps.

V. Vitis-Idæa L. (A. ponctuée, en wallon *roge frambauhy*). Tige de 15 à 30 centim., ligneuse ; f^{es} ovales-entières, ponctuées en dessous, persistantes et luisantes. Fleurs rougeâtres (A^1 à J^t). Fruits rouges en glomérules ; viv. : dans les mêmes endroits que la précédente.

G. *Oxycocos* Tourn. (Canneberge).

Calice à 4 dents. Corolle en roue partagée

profondément en 4 divisions lancéolées, réfléchies sur le calice. Etamines 8.

O. Palustris Pers. (C. des marais). Tiges filiformes, ligneuses, couchées-radicantes ; feuilles ovales, petites. Fleurs rougeâtres (en M¹ J¹), Fruits presque rouges, petits ; viv. : trous à tourbes, mêmes lieux que les précédentes.

CAMPANULACÉES.

Calice à tube soudé avec l'ovaire, à 5 div. Corolle insérée au sommet du tube du cal., campanulée, rotacée ou en entonnoir, à 5 divisions. Etamines 5, insérées avec la cor. au sommet du tube du calice. Anthères libres. Styles soudés en 1. Stigmates 2-3, linéaires crochus, rarement 2 dressées. Fr. soudé avec le calice. Plantes à suc laiteux. Feuilles alternes.

G. Campanula L. (Campanule).

Calice à 5 divisions. Corolle en cloche, à 5 divisions. Etamines 5, libres. Stigmates à 3 et 5 lobes filiformes. Capsule en toupie à 3-5 loges.

C. Rotundifolia L. (C. à feuilles rondes).

Tige de 25 à 35 c^es^; feuilles rad. ovales, arrondies, dentées, les caulinaires linéaires. Fleurs bleues (J^n^ A^t^); viv. : pelouses, rochers, prairies.

C. Rapunculus L. (Raiponce, en wallon *responce*). Tige de 40 à 65 c^es^ ; f^es^ radicales, ovales-lancéolées, velues. Fl. en panicules assez compactes, à rameaux dressés, bleues (J^n^ J^t^); bisann. : haies, bois, prairies.

C. Rapunculoïdes L. (Fausse-Raiponce, en wallon *dés*). Tige de 40 à 60 c^es^ ; feuilles cordées. Fl. penchées d'un même côté, formant une longue grappe nue au sommet. Fl. bleues (en J^n^ J^t^) : champs pierreux et montueux, Fraipont, Gelivaux, Froiheid.

C. Persicœfolia L. (C. à feuilles de pêcher, en wallon *dés*) Tige de 60 à 75 c^es^ ; feuilles radicales, lancéolées, longuement rétrécies à la base, faiblement dentées, celles de la tige comme ovales. Fleurs bleues, grandes (en J^n^ A^t^) : haies, bois.

C. Trachelium L. (C. Trachélie, en wallon *sauvage responce*). Tige de 40 à 60 centim., souvent brunâtre, surtout à la base ; f^es^ moyennes en cœur, larges, dentées, hispides, les supérieures ovales, lancéolées. Fleurs bleues, à corolle grande et à calice hérissé (en J^n^ J^t^) ; viv. : haies, bois.

C Glomerata L. (C. glomérée). Tige de 20 à 30 c⁴⁴; feuilles oblongues, lancéolées, rudes et sessiles. Fleurs bleues 4-5, terminales réunies en tête, les autres écartées de tête (Jⁿ Jᵗ); vivace : prairies et champs secs, Jalhay, Sart et Ardenne.

C. Hederacea L. (C. à feuilles de Lierre). Tiges filiformes, glabres, ainsi que les fᵉˢ, cord., arrondies, minces, à lobes profonds. Corolle tubuleuse, campanulée, à 5 lobes. Fleurs très-petites, bleues (Jⁿ Jᵗ) : endroits humides, parmi les mousses, fond de Sohnion-Fraipont, Francorchamps, Stavelot, Trois-Ponts, Coo et Ardenne.

G. *Specularia* Heist. (Spéculaire).

Calice à divisions rétrécies à la base. Corolle en roue, à 5 lobes. Etamines 5, libres. Stigmate à 3 lobes.

S. Speculum Alph DC. (S. Miroir de Vénus). Tige de 20 à 30 cᵉˢ; feuilles oblongues, crénelées, sessiles. Fl. violettes, quelquefois blanches (en Jⁿ Jᵗ) : moissons, lieux cultivés.

G. *Phyteuma* L. (Raiponce).

P. Spicata (R. en épi). Tige de 40 à 60 cᵉˢ;

feuilles radicales profondément en cœur à la base, lancéolées au sommet, les caulinaires ovales, les supér.linéaires. Fleurs d'un blanc sale, à bractées linéaires. Stigmates 2 (en M^i J^t) : haies, bois.

La variété à fleurs d'un bleu intense est commune chez nous.

P. Orbiculare L. (R. Orbiculaire). Tige de 30 à 40 c^{es}, glabres; f^{es} inférieures allongées comme en cœur, glabres, les supérieures linéaires glabres. Fleurs bleues ; bractées ovales-lancéolées ; stigmates 3. Fl. en épis globuleux ou un peu ovales, bl. (en J^n J^t) ; bisann. : a été indiqué dans le bois près de Crotte.

G. *Jasione* L. (Jasione).

Cal. à 5 divis. Corolle à 5 divis. linéaires, dressées, rapprochées, puis comme étalées. Etam. 5. Style terminé par 2 stigm. Fl. en capitules entourés d'un involucre.

J. Montana L. (J. des montagnes, en wallon, *bleus botous*). Tige de 20 à 30 centim., velue. Feuilles lanc^s linéaires, munies de poils gris-blanchâtres. Fl. bleues (en J^n J^t) : bois, coteaux secs, champs.

CUCURBITACÉES.

Fl. dioïques ou monoïques, rarement polygames, régulières. Cal. soudé avec le tube de la cor., à 5 divis. Corolle à tube soudé avec l'ovaire dans les fl. femelles ou hermaph., à 5 divisions. Etam. 5, insérées à la base du tube de la cor. ; filets courts. Ovaire soudé avec le tube de la corolle, en 3-5 loges subdivisées en 2 loges. Stigm. 3-5 bilobés. Fruit gros, charnu, rarement petit, bacciforme, à 3-5 loges. Pl. ann. ou vivaces, sarmenteuses et pourvues de vrilles.

G. *Bryonia* L. (Bryone).

Fl. monoïques ou dioïques. Cal. à 5 dents aiguës. Fr. petit, baie ronde, souvent à 6 graines.

B. Dioïca L. (B. dioïque, en wallon, *recenne di golatte*). Tige de 3 à 4 mètres, grimpante, lisse; feuilles palmées, hispides, à 5 lobes; fruits rouges. Fl. petites, d'un bl. verdâtre, dioïque (en J^n J^t) ; viv. : haies, coteaux.

CAPRIFOLIACÉES.

Cal. soudé à l'ovaire, à 4-5 dents. Corolle insérée au sommet du tube du calice, monosépale, à 4-5 divis., tubuleuse, labiée, camp. ou en roue. Etam. 1-5 insérées sur le tube de la corolle. Anthères à 2 lobes. Styles 3-5, libres ou soudés en un, à stigm. à 3 lobes. Fl. régulières ou irrégulières. Fr. bacc. ou drupacé. Arbriss. plus ou moins élevés, quelquefois sarmenteux, rarement herbacés.

G. Adoxa L. (Adoxe).

Fl. rég. Cal. à 2-3 lobes. Cor. en roue, à 4-5 divis. Etam. 4-5, à filets divisés. Styles 4-5, libres. Baie couronnée par les divisions du cal,

A. Moschatellina L. (A. Moschatelline). Tige de 5 à 10 cent., grêle. Feuilles radicales, biternées, celles de la tige au nombre de 2 et à 3 divisions. Fl. vertes en tête (A' M¹); viv. : haies.

G. Sambucus L. (Sureau).

Fl. rég. Cal. à 5 lobes, petites. Cor. en

roue, à 5 div. Etam. 5. Stigm. 3-5 Fr. baies colorées, juteuses.

S. Ebulus L. (S. Yèble, en wallon *Sauvage saou*). Tige de 80 cent. à 1 mètre et plus, herbacée. Feuilles ailées, munies de stipule. Fruits noirs. Fl. bl. rougeât. (en J^a A^t) ; viv. : lieux incultes.

S. Nigra L. (S. Noir, en wallon, *saoû*). Arbrisseau de 3 1/2 à 6 mètres. Rameaux à moëlle blanche. Feuilles ailées, sans stipules ou très-petites. Fruits noirs. Fleurs blanches, en corymbe plan (en J^a J^t) : haies, bois.

S. Racémosus L. (S. à grappes, en wallon *Saou à roges peus*). Arbriss. de 3 à 5 mètr.; moëlle brunâtre. Feuilles ailées. Fr. rouges. Fl. en panicule, ovoïdes, vert-jaunâtre : bois montueux, haies, Fraip. Trooz, Fleer. Assez rare.

G. *Viburnum* L. (Viorne).

Cal. à 5 lobes, petits ; corolle en roue, à 5 div. Etam. 5. Stigm. 3. Baies rouges. Arbrisseau.

V. Opulus L. (V. Obier). Arbrisseaux de 2 à 3 mètres ; feuilles pétiolées, arrondies, ovales, à 3-5 lobes profonds. Fl. blanches en

corymbe (en M¹ J^n). Fruits globuleux rouges;
viv. : bois.

G. *Lonicera* L. (Chèvrefeuille).

Fleurs irrégulières. Calice à lobes petits.
Corolle tubuleuse, en entonnoir, à 2 lèvres,
la supérieure à 4 lobes, l'inférieure entière.
Etamines 5. Style filiforme. Stigm. comme
à 3 lobes. Baies colorées, juteuses. Arbriss.
 L. Periclymenum L. (Chèvrefeuille, en
wallon *sucette*). Tige volubile longue ; f^{es}
ovales-entières, les supérieures pétiolées.
Fleurs jaune-rougeâtre, en têtes pédonc.
Fruits rouges (en J^n J^t); viv. : haies et bois.
 L. Caprifolium L. (C. des jardins). Feuilles
supérieures et têtes de fleurs sessiles : cultivée dans les jardins, sur berceaux ou
treillis.

RUBIACÉES.

Fleurs hermaphrodites. Calice soudé à
l'ovaire. Corolle insérée au sommet du tube
du calice, à 4-5 divisions, rotacée, en entonnoir où presque en cloche. Etamines 4-5
sur le tube de la corolle. Styles 2. Fr. soudé
au calice. Plante à feuilles verticillées.

G. Sherardia L. (Shérardie).

Calice à 6 dents profondes. Corolle en entonnoir, à tube cylindrique allongé, à 4 div. Étamines 4. Fruits secs.

S. Arvensis L. (S. des champs). Tige de 10 à 15 c^{es}; feuilles hérissées en dessous, verticillées par 4-6. Fleurs lilas, en têtes entourées d'un involucre de feuilles soudées à la base (en Jⁿ J^t) ; ann. : moissons.

G. Asperula L. (Aspérule).

Calice à 4 dents courtes. Corolle en entonnoir ou campanulée, à 4 divisions. Fruit sec, à 2 carpelles.

A. Cynanchica L. (A. de l'esquinancie). Tige de 20 à 30 c^{es}; f^{bs} linéaires, très-étroites. Fl. bl. en corymbe sans involucre (en Jⁿ J^t) : pelouses, rochers, a été indiqué à Hamoir.

A. Odorata L. (A. Odorante). Tige de 25 à 30 c^{es}, plus robuste ; feuilles oblongues, lancéolées, verticillées par 8. Fl. blanches sans collerette (en Mⁱ Jⁿ) ; viv. : Bois l'Eftai-Fraipont.

G. Galium L. (Gaillet).

Calice à 4 dents courtes. Corolle rotacée,

plane, à 4 divisions. Fruit sec, à 2 carpelles arrondis.

G. Cruciata Scop. (G. Croisette). Tige de 15 à 30 c^{es}, étalée; f^{es} ovales, verticillées, par 4. Fl. jaunes (en J^n J^t) : buissons, etc.

G. Verum L. (G. jaune ou Caillelait jaune). Tige de 30 à 60 c^{es}; feuilles linéaires aiguës, verticillées par 6-12. Fl. jaunes, odorantes (en J^n J^t) : pelouses, coteaux secs. Plante odorante.

G. Sylvaticum L. (G. des bois). Tiges lisses, dressées, de 50 à 70 c^{es} ; feuilles ellipt. vert. par 6-8, mucronées, d'un vert pâle. Fl. bl. à pédoncules penchés avant la floraison (J^{t}A^t); viv. : bois montueux, Haute-Fraipont, Pepinster, Goffontaine, etc.

G. Mollugo L. (G. Mollugine). Tige ram. de 25 à 50 c^{es} ; feuilles ovales-lancéolées, accuminées ou variant de forme, verticil. par 8 à 8. Fl. bl. (M^i à Sept.) ; viv. : haies, buissons, lieux incultes.

G. Sylvestre Poll. (G. sauvage). Tiges de 10 à 20 c^{es}, grêles; feuilles linéaires, subulées, variant de forme, vertic. par 6-8. Fleurs bl. (en J^n J^t) : bois montueux, coteaux secs.

G. Saxatile L. (G. des rochers). Tiges de 15 à 25 c^{es}, plante en gazons ; feuilles vertic.

7*

par 4-6. Fleurs bl. en bouquets serrés : bruyères, Fraipont, etc.

, G. Palustre L. (G. des marais). Tiges grêles, à 4 angles, couchées ; f⁰ˢ verticillées par 4, glabres, obtuses ; Fl. bl. (en Mⁱ Jⁿ) : marais, bords des fossés.

G. Uliginosum L. (G. des fanges). Tiges de 30 à 60 cᵉˢ, denticulées sur les angles ; feuilles linéaires, lancéolées, mucronées, verticillées par 6. Fleurs bl. : tourbières, prairies marécageuses.

- G. Aparine L. (G. Grateron, en wallon *grelle-cou*). Tiges de 40 à 60 cᵉˢ, hérissées de pointes crochues ; feuilles verticillées par 6, bordées d'aiguillons dirigés en bas ; fleurs d'un blanc sale. Fruits très-accrochants (en Jⁿ Jᵗ) ; ann. : lieux cultivés, haies.

VALERIANÉES.

Fleurs hermaphrodites, presque rég. ou irrégul. Calice à tube soudé avec l'ovaire. Cor. monopétale, tubuleuse, en entonnoir, insérée au sommet de l'ovaire, à tube régulʳ quelquefois prolongé en éperon à la base, à 5 divisions. Étamines 3-1, insérées sur le tube de la Corolle. Style filiforme. Stigmate entier où trilobé. Fr. souvent surmonté par le calice ou l'aigrette plumeuse qui le remplace. Feuilles opposées.

G. *Valeriana* Tourn. (Valériane).

Calice petit, denté, à dents roulées. Cor. tubuleuse, en entonnoir, à divisions inég. Étamines 3. Fr. à 1 loge, couronné de soies plumeuses.

V. Officinalis L. (V. officinale). Tige de 75 centimètres à 1 mètre et plus; f^{es} larges, ailées, pubescentes, à plusieurs paires de folioles lancéolées, dentées, avec 1 impaire. Fl. en panicules rougeâtres (en J^n A^t); viv. : lisières des bois humides.

V. Phu. Est cultivé dans les jardins; f^{es} rad. entières, racines grosses, odorantes.

V. Dioïca L. (V. Dioïque). Tige de 30 à 40 centimètres, dressée ; feuilles radicales entières, glabres-pétiolées, ovales-spatulées, celles de la tige ailées-pinnat. Fl. rougeât. (en M^i J^n) ; viv. : tourbières des bois et des bruyères, prairies tourbeuses.

G. *Centranthus* DC.

Corolle en entonnoir, à 5 lobes, éperonnée

à la base. Etamine 1. Capsule à 1 loge et 1 graine couronnée par le calice, à la fin dé-roulée en aigrette plumeuse.

C. Ruber DC. (C. rouge). Tige de 30 à 50 c.; feuilles ovales-lancéolées, les supérieures accuminées, très-entières, presque glauques. Fl. rouges (en M¹ Sept.); viv. : fentes des murs, devant Fraipont.

Plante à odeur agréable.

G. Valerianella Tourn. (Valérianelle).

Calice à limbe irrég. Corolle en entonnoir, non éperonnée, à 5 lobes. Etamines 3. Caps. à 3 loges, les latérales stériles, nues ou couronnées par les dents du calice, dressées, non plumeuses. Fl. petites.

V. Olitoria Lois. (Mache cultivée). Tige de 20 à 30 cᵐ, rude sur les angles ; feuilles lancéolées, entières. Capsules glabres, com-primées, globul., à 3 dents peu distinctes. Bractées oblongues, ailées, dentées. Fleurs bleuâtres, terminales, à peine pédicellées (en Jⁿ Jᵗ et Aᵗ) ; ann. : lieux cultivés.

V. Auricula DC. (V. à oreillets). Tige rude; fᵉˢ lancéolées, entières. Capsules glabres, épaisses, renflées, presque globuleuses, à couronne à 4 dents, la supérieure allongée, obtuse, les 3 antérieures peu distinctes, les 2 loges stériles plus larges que la fertile. Fl. bleuâtres (en M' J^n) ; ann. : moissons, lieux pierreux.

DIPSACÉES.

Fl. agrégées, sur un réceptacle commun entouré d'un involucre à plusieurs folioles. Cal. double, l'intérieur à limbe diversement découpé, en aigrette. Cor. monosp., insérée sur le cal., tubuleuse, à 4-5 lobes. Étam. 4-5, insérées sur la corolle. Style 1. Fruit recouvert par les 2 calices, à 1 loge, à 1 semence.

G. Scabiosa L. (Scabieuse).

Involucre à folioles non épineuses, sur 2 ou plusieurs rangs. Réceptacle garni de soies ou de paillettes. Calice terminé par 5 arêtes. Corolle à 4-5 lobes ; aigrette à soies raides.

S. Succisa L. (S. Succise). Tige de 30 à 40 centim., un peu hérissée, presque simple. Feuilles radicales, ovales, lancéolées, celles de la tige lancéolées, presqu'entières. Cal.

denté, mucroné. Fl. de la circonférence
presque régulières, à 4 divisions, bleues,
en capitules globuleux (en J^n J^t) viv. : bois.

S. Columbaria. L. (S. Colombaire). Tige
de 40 à 50 cent., grêle ; feuilles radicales,
lyrées, incisées, crénelées, celles de la tige
pinnatifides, à lanières linéaires ; capitule
presque globuleux, à fl. de la circonférence
irrég., à 5 divisions, bleu-pâle ou lilas (en
J^n Sep.) ; viv. : coteaux, pelouses, bois secs.

G. *Knautia* Coult. (Knautie).

Invol. à fol. non épineuses. Réceptacle
muni de soies, sans paillettes ; involucre
presque à 4 angles, terminé par 4 dents,
dont 2 plus courtes. Calice terminé par 6-8
arêtes dressées, inégales.

K. Arvensis Coult. (K. des champs). Tige
de 50 à 75 cent., velue; feuilles caulinaires,
pinnatifides ; fleurs bleu-rougeâtre, (J^n J^t) ;
vivace : prairies, pelouses, lieux cultivés.

G. *Dipsacus* L. (Cardère).

Invol. à folioles ordinairement épineuses.
Réceptacle muni de paillettes, terminé en

pointe épineuse Involucelle à 4 angles.
Corolle â 4 divisions. Tiges aiguillonnées.

D. Pilosus L. (C. poilue, verge à pasteur).
Tige de 50 cent. à un mètre et plus, aiguillonnée ; feuilles pétiolées, munies d'appendices à la base et dentées : fol. de l'invol.
courtes, non épineuses; fl. blanches, un peu
bleuâtres (en J" J') ; bis. : lieux incultes ou
couverts, Goffontaine, Fleer, Dolhain. etc.

D. Sylvestris L. (C. Sauvage). Tige de 60 à
90 cent., aiguillonnée ; feuilles épineuses,
dentées, opposées et soudées à la base ; folioles de l'involucre très-longues, épineuses.
Fleurs un peu rougeâtres (en J" J') ; bis. :
bords des chemins, lieux pierreux, vallées
de l'Amblève et de l'Ourthe.

COMPOSÉES.

Fleurs hermaphrodites, régulières ou
irrégulières, sessiles sur un réceptacle
commun entouré d'un involucre et rapprochées en capitule. Involucre à plusieurs folioles souvent libres. Récept. nu ou muni
de paillettes. Cal. à tube soudé avec l'ovaire,
sous forme de dents, d'aigrette ou à des
arêtes. Corolle insérée au sommet du tube

du calice, monopétale, ordinairement à **5**
divivisions, régulière ou irrégulière, et **alors**
prolongée en 1 languette à 3 dents. Étam.
4-5, insérées sur le tube de la corolle. Style
filiforme. Stigmate à 2 lobes. Fruit soudé
avec le calice, à 1 loge, à 1 semence.

TUBULIFLORES. — **Cinarocéphales. Cor. à
tubes réguliers, à 4-5 dents au moins celles
du centre. Style renflé au-dessous des branches.**

G. Carlina Tournef. (Carline).

Involucre à fol. imbriquées, les extérieures sinuées, épineuses, les intérieures
scarieuses, colorées. Réceptacle hérissé de
soies. Fl. régulières ; aigrette à poils longs,
barbus, sur 1 rang, soudés en anneau à la
base.

Carlina vulgaris Tourn. (C. Vulgaire).
Tige de 25 à 40 cent. F^{es} sinuées, embrassantes, très-épineuses. Fl. jaunes, grisâtres
(en J^n J^t) ; ann. : coteaux, pelouses sèches.

G. Cirsium Tourn. (Cirse).

Invol. à fol. imbriquées, à pointe épineuse. Réceptacle hérissé de soies. Fleurs

égales ; aigrette à poils longs, barbus, disposés sur plus d'un rang, soudés en rond à la base. Plantes épineuses.

C. Lancéolatum Scop. (C. Lancéolé). **Tige** de 50 à 70 cent., ailée, épineuse. Feuilles décurrentes, pinnatifides, épineuses : folioles de l'invol. terminées par une forte épine. Fl. purpurines (en J^n J^i) ; bisann. : haies, chemins, lieux incultes.

C. Palustris L. (C. des marais). Tige **de** 80 cent. à 1 mètre et plus, très-ailée, épineuse. Feuilles décurr., lancéol., pinnat. ; folioles de l'invol. dressées, à peine épineuses. Capitules petits, agglomérés ; **fl.** purp. (en J^n J^i) : marais des bois et prairies humides.

C. Arvense Scop. (C. des Champs). **Tige** de 40 à 60 cent. ; feuilles sess., pinn., crépues, épineuses ; capitules nombreux, terminaux ; fl. purp. (J^n J^i) ; viv. : champs.

C. Acaule. All. (C. sans tige). Tige **nulle** ou presque ; feuilles glabres, pinnat. ; cap., solitaires ; fl. purp., grandes (en J^n J^i) ; **viv.:** pelouses, lieux pierreux.

G. Carduus L. (Chardon).

Inv. à fol. imbriquées, atténuées en épine.

Récept. muni de soies. Fl. égales ; aigrette à poils longs, sur plusieurs rangs, en rond à la base. Pl. épineuses.

C. Crispus L. (C. Crépu). Tige de 60 à 80 cent. ; feuilles décurr., pinn., très-épineuses ; invol. à fol. dressées ; pédoncules ailés. épineux ; capitules petits ; fl. purp. (en $J^n J^t$) ; bis. : bords des chemins.

C. Nutans L. (C. penché). Tige anguleuse velue, de 50 à 70 cent., un peu rameuse ; feuilles glabres, décurr. lancéol. ; capitules gros, penchés : fl. purp.; bords des chemins, pelouses, coteaux arides.

G. Silybum Vaill. (Silybe)

Invol. à fol. imbriquées, les extérieures terminées par des lobes épineux. Récept. muni de soies. Fl. égales. Aigrette à poils longs, scabres, disposés sur plusieurs rangs soudés en rond à la base.

S. Marianus L. (S. Chardon-Marie). Tige de 35 à 50 cent. ; feuilles larges, embrassantes, sinuées, épineuses, marbrées de blanc, fl. purp. (en $J^n J^t$) ; ann. : bords des chemins gras, décombres, sur la bruyère, Fraipont, thier de Hansez, etc. Rare.

G. Lappa Tourn. (Bardane).

Invol. à fol. imbriquées, les extérieures linéaires-subulées, à pointe en crochet, les intérieures lancéolées droites. Récept. hérissé de soies. Fl. égales. Aigrette à poils courts, déposés sur plusieurs rangs libres.

L. Minor DC. (B. à petites fleurs, en wallon *affiches*). Tige rameuse, de 60 à 80 c[es] ; f[es] en cœur, denticulées, pétiolées. Fl. purpur. en capitules, sessiles ou presque (en J[n] J[t]) ; bisann. : bords des chemins, lieux incultes.

L. Major (B. à grosses fleurs). Tige de 90 centimètres à 1 mètre et plus; capitules plus gros que la précédente et disposés en corymbe. Fl. purpurines verdâtres (en J[n] J[t]) : graviers de la Vesdre.

G. Serratula L. (Sarrête).

Involucre à folioles imbriquées, les ext[es] aiguës sans épines, les intérieures plus ou moins scarieuses au sommet. Réceptacle muni de soies. Fl. égales, aigrette à poils scabres, disposés sur plusieurs rangs, libres.

S. Tinctoria L. (S. des teinturiers). Tige de 40 à 60 c[es], dressée ; f[es] lyrées ou entières, très-régulièrement dentées. Fl. purpurines en capitules petits (en Jⁿ J^t): bois montueux, Fraipont, entre Nessonvaux et Goffontaine, Pepinster, etc.

G. Centaurea L. (Centaurée).

Involucre à folioles entourées d'une bordure de cils ou entourées par un appendice scarieux, lacinié ou denticulé-cilié, rarement par une épine. Réceptacle garni de soies. Fleurs de la circonférence plus grandes, rayonnantes ; aigrette nulle ou formée par des poils courts, inégaux, disposés sur plusieurs rangs, libres.

C. Jacea L. (C. Jacée, en wallon *flochette*). Tige de 35 à 45 c^{es}; f^{es} rad., entières ou plus ou moins incisées, dentées, d'un vert sombre. Fleurs purpurines (de Mⁱ à Sept.) : prairies.

C. Nigra L. (C. noire). Tige de 30 à 55 c.; f^{es} entières ou incisées-dentées, folioles de l'involucre recouvertes par les appendices. Fl. du centre et de la circonférence toutes égales, purp. (en Jⁿ J^t) : coteaux, pelouses, Sart, Jalhay.

C. Montana L. (C. des montagnes). Tige de 30 centimètres environ ; feuilles ovales-lancéolées, tomenteuses, blanchâtres. Fleurs bleues (en M^i J^n) ; vivace : bois montueux, Fraipont, Forêt, Goffontaine, Pepinster.

C. Cyanus L. (C. bluet, en wallon *fleur d'aloumire*). Tiges de 50 à 80 c^{es} ; feuilles inférieures lyrées, les supérieures sessiles, lancéolées-entières, tomenteuses-blanchât. Fl. bleues (en J^n J^t) ; ann. : moissons.

C. Scabiosa L. (C. Scabieuse). Tiges de 40 à 60 c^{es}, dures ; f^{es} ailées, presque pinnat., fol. de l'invol. bordées à sa partie supér. de cils noirs. Fleurs purpurines (en J^n J^t) ; viv.: lieux pierreux, Haute-Fraipont, Froiheid, Gelivaux-Olne, etc.

C. Calcitrapa L. (C. chausse-trappe). Tige de 35 à 50 c^{es} ; f^{es} pinnat., un peu luisantes ; folioles de l'involucre terminées par une forte épine raide. Fl. purpurines, petites (en J^n J^t) ; viv. : lieux pierreux, Herstal, Liége, Val-Benoit, Ougrée, etc.

CORYMBIFÈRES. — **Fleurs régulières, celles du centre tubuleuses, celles de la circonférence en languettes ou toutes tubuleuses. Style non renflé en nœud. Réceptacle muni de paillettes. Graines sans aigrette.**

G. Bidens L. (Bident).

Involucre à folioles sur 2-3 rangs, les

extérieures foliacées-étalées, les inférieures membraneuses. Récept. muni de paillettes. Fleurs toutes en tube. Graines surmontées par des arêtes ciliées.

B. Tripartit L. (B. Tripartit). Tige rougeâtre, de 30 à 60 cent., rouge ; feuilles opposées, à 3-5 folioles, dentées ; fl. d'un jaune sale (Jⁿ Jᵗ) ; ann. ; bords de la Vesdre, des fossés et des ruisseaux.

B. Cernua L. (B. Penché). Tige de 40 à 70 cent.. un peu velue ; feuilles sessiles, entières, dentées ; fl. en capitules penchés, jaunes (en Jⁿ Jᵗ) ; ann. : bords des fossés et étangs, Hansez, Séroulle, Douflamme, vallée de l'Ourthe, etc.

Hélianthus annus (Grand Soleil, en wallon, *Solo*). Est cultivé.

H. Tuberosus (Topinambour Canada). Est cultivé plus rarement.

G. Achillea L. (Achillée).

Inv. à fol. imbriquées. Récept. pailliacé Fl. de la circonf. ligulées, celles du centre tubul. Graines entourées d'une bordure filiforme. Fleurons et demi-fleurons tous de même couleur.

A. Millefolium L. (A. Millefeuille, en wallon *Mifou*). Tige de 35 à 55 cent. ; feuilles 2 fois ailées, à fol. linéaires, dentées ; fl. blanches, en corymbe, quelquefois rougeât. (en Jⁿ Jᵗ) ; viv. : coteaux, pelouses, sèches, bords des eaux.

A. Ptarnica L. (A. Sternuatoire, en wallon *Sauvache botons Naurgeoin*). Tige de 30 à 60 cent., dressée ; feuilles entières, finement dentées ; fl. d'un blanc un peu sale, en corymbe (en Jⁿ Jᵗ) : lieux humides, fagnes, bois, etc.

Une variété est cultivée dans les jardins sous le nom de boutons d'argent, en wallon *Botons d'orgeain*.

G. *Anthemis* L. (Anthémide).

Inv. à fol. imbriquées. Récept. convexe, garni de paillettes. Fl. de la circonférence blanches, ligulées, celles du centre jaunes, tubuleuses. Graines munies de côtes tout autour.

A. Arvensis L. (A. des Champs, Camomille, en wallon *Camomelle di Chan*). Tige de 30 à 50 cent., diffuse, rameuse, velue ; feuilles 2 fois ailées, pinnat., à lanières

lancéol., linéaires ; fl. bl. à la circonférence, jaunes au centre ; paillettes lancéolées, aiguës (en $J^n J^t$); ann. ou bis.: champs.

A. Cotula L. (A. Cotule Maroute, en wallon *Flairante Camomelle*.) Tige de 30 à 50
cent., dressée ; feuilles presque glabres, à
divisions presque capillaires, subulées,
aiguës ; paillettes subulées ; fl. du disque
jaunes, les autres blanches (en $J^n J^t$) ; ann. :
champs, moissons un peu humides, entre
Vaux-sous-Olne et Hansez, à Romsée, à
Magnée, à Liége, etc. Assez rare.

A. Tinctoria L. (A. des teinturiers, en
wallon *Jenne Camomelle*). Tige de 30 à 40
cent., dressée, rameuse ; feuilles blanchât.
en-dessous, 2-3 fois ailées, pinnat., dentées;
graines couronnées d'une membrane entière ; fl. toutes jaunes, plus grosses que
les précédentes (en $J^n J^t$) ; viv. : trèfles et
champs, près Saint-Hadelin ; très-commune
en 1872, devenue plus rare.

G. *Matricaria* L. (Matricaire).

Inv. à fol. imbriquées. Récept. devenant
cônique, sans paillettes. Fl. du centre tubuleuses, jaunes, celles de la circonf. blanch.
Graines à 3-5 côtés, à la face interne.

M. Chamomilla. (M. Camomille). Tige de 25 à 50 cent., dressée ; feuilles 2 fois pinn., à lanières capillaires, glabres ; rameaux dressés ; écailles glabres, un peu obtuses. Réceptacle creux (en J^n) ; ann. : lieux incultes, moissons, stations de Ness. Trooz, Chaudf., Chênée, Longdoz, etc.: trèfles, près St-Hadelin, Olne, Geliveaux, etc.

M. Suavéolens L. (M. parfumée). Tige de 25 à 35 c^{es} ; feuilles à lanières très-menues, 3 fois pinnatides ; écailles presque aiguës ; rameaux étalés ; fleurs un peu plus petites que la précédente, très-odorantes (en Juin); ann. : champs de trèfle, entre Rinori et Ougrée. Commune en 1872.

M. Inodora L. (C. inodore). Tige de 30 à 45 c^{es}, dressée ; feuilles 2 fois pinnatifides, à segments presque capillaires, à 2-3 lobes ; réceptacle plein, obtus (en J^t A^t) : bords des chemins, décombres, île Moncin, Val-Benoit, champ de trifolium minus près Hansez 1873. Rare.

G. *Pyrethrum* Gaert. (Pyrêthre).

Involucre à folioles imbriquées. Récept. hémisphérique sans paillettes. Fleurs de la circonférence blanches, ligulées, celles du centre tubuleuses, jaunes. Graines à côtes tout autour.

P. Leucanthemum Coss. (P. Leucanthème, en wallon *St-J'han*). Tige de 25 à 30 cent. ; f^es embrassantes, les inférieures atténuées, les supérieures lancéolées, plus étroites, subpinnatifides ; fleurs grandes, inodores (en J^n A^t) ; vivace : presque partout.

P. Parthenium Sm. (P. Matricaire, en wallon *camomelle*). Tige de 30 à 40 centim.; f^es ailées, à folioles pinnat., ovales-oblong., à lanières obtuses, dentées (en M^i A^t) ; viv. : haies, lieux incultes, vieux murs.

G. *Chrysanthemum* DC. (Chrysanthème).

Involucre à folioles imbriquées. Récept. nu, un peu convexe, sans paillettes. Fleurs de la circonférence en languette, celles du centre tubuleuses, toutes jaunes. Graines du centre presque cylindriques, à une dizaine de côtes.

C. Segetum L. (C. des moissons ou C. dorée, en wallon *fleur di Jalhay*). Tige de 30 à 40 centimètres ; f^es glauques, embrassantes, les inférieures incisées, les supérieures laciniées (en M^i A^t) ; ann. : moissons, lieux cultivés, Fraipont, Louveignez, Beaufays et Ardenne.

G. Bellis L. (Pâquerette).

Involucre hémisphérique, à folioles sur deux rangs égaux. Récept. cônique allongé, sans paillettes. Fl. blanches, à disque jaune.

B. Perennis L. (P. vivace ou petite Marguerite, en wallon *magriette*). Hampe de 6 à 10 c^es, uniflore ; f^re spatulées, crénelées, pubescentes ; écailles de l'invol. hérissées ; fl. petites: presque toute l'année, partout.

G. Artemisia L. (Armoise).

Inv. ovale ou presque globul., à fol. imb. Récept. nu ou poilu. Fl. de la circonf. sans languette, celles du centre tubul., régul. toutes jaunâtres. Graines sans côtes.

A. Vulgaris L. (A. Commune, Armoise). Tige de 80 cent. à 1 mèt. et plus ; feuilles larges, pinnat., incisées, à lanières lancéolées. aiguës, vertes en dessus, blanches en dessous ; invol. tomenteux ; fl. vertes, roussâtres, presque sessiles, en grappes (en J^n S^e) ; viv. : chemins, bords des eaux, etc.

A. Absinthium L. (A. Absinthe). Tige de

45 à 80 cent., soyeuse, blanchâtre, ainsï
que les feuilles, qui sont les radicales; 3 fois,
celles de la tige 1-2 fois ailées, pinnat., à
lanières lancéolées, un peu aiguës les florales entières ; fl. jaunes, en capitules penchés, globuleux, en grappe (en J^t A^t) ; viv. :
lieux pierreux, rochers, La Rochette, Froiheid, Spixhe et quelquefois aux bords des
chemins.

A. Campestris L. (A. Champêtre). Tige
de 40 à 75 cent., rameuse, ascendante, ;
feuilles glabres, ailées, pinnat., à linières
fines, ordinairement simples dans les sup.,
bi-trifides dans les radic. ; invol. oblong ;
fl. jaunât. non odorantes, en grappes courtes (en J^t A^t) ; viv. : rochers entre Sounier
et Aywaille.

A. Abrotatum L. (Aurone Citronelle).
Arbrisseau ; est cultivée.

G. *Tanacetum* L. (Tanaisie).

Involucre hémisphérique, imbriqué de
folioles aiguës. Réceptacle nu, cônique. Fl.
toutes tubuleuses. Graines extérieures, à
dos chargé d'épines.

T. Vulgare L. (T. commune, en wallon
tenhaie.) Tige de 60 à 90 c^{te} et plus ; feuilles

longues. 3 fois pinnatifides, incisées-dentées, glabres. Fleurs jaunes, en corymbe (J^t A^t) ; vivace : bords des eaux et des chemins.

G. *Calendula* L. (Souci).

Involucre hémisphérique, à 2 rangs de folioles égales. Réceptacle plan, nu. Fleurs de la circonférence en languettes, celles du centre tubuleuses. Graines arquées ou creusées en nacelle, les extérieures garnies d'épines.

C. Offinalis. (S. des jardins, en wallon *p'tit solo*). Tige de 20 à 30 c^{m}; f^{es} inférieures en spatule, larges. Graines en nacelle, toutes courbées. Fleurs orangées ou jaune-pâle, larges (en J^t Sept.) ; ann. : cultivé et se rencontre sur des décombres et les graviers.

G. *Tagetes* L. (Tagête).

Involucre simple, à folioles soudées. Réceptacle nu, demi-fleurons peu nombreux, courts. Graines couronnées de 5 arêtes.

T. Patula (T. œuillet d'Inde). Tiges de 25 à 35 c^{m}, étalées ; f^{es} ailées, à lanières lancéolées, ciliées, dentées ; pédoncules à une fleur; involucre cylindrique. Fleurs jaunes, orangées (en J^t Sept.) : rencontré très-garni de fleurs sur un gravier près Goffontaine, en 1874, et cultivé dans les jardins.

G. Gnaphalium L. (Gnaphale).

Involucre ovale, imbriqué d'écailles scarieuses, colorées, glabres. Réceptacle nu. Fl. floscul., hermaph., à 5 lobes, les femelles plus petites, à limbe peu apparent. Aigrettes à poils simples sur un rang.

G. Uliginosum L. (G. des marais). Tige de 10 à 20 c^{es}, rameuse, diffuse, tomenteuse, blanchâtre, ainsi que les feuilles linéaires-lancéolées, rétrécies aux 2 bouts ; écailles lancéolées, un peu aiguës. Aigrettes à poils nombreux. Fl. d'un jaune roux, terminales, en paquets plus courts que les feuilles (J^t A^t); ann. : champs, bords des chemins et des fossés.

G. Sylvaticum L. (G. des bois). Tige de 30 à 40 c^{es}, herbacée, dressée, très-simple ; f^{es} linéaires, lancéol., cotonneuses en dessous. Fl. axillaires et terminales formant un long épi, roussâtres (en J^t A^t) : bords des bois, champs.

G. Antennaria R. (Antennaire).

Involucre à folioles imbriquées, cotonneuses à la base, scarieuses, colorées. Réceptacle convexe, nu. Fl. toutes tubuleuses.
Graines à aigrettes, à poils rudes, soudées
en rond à la base. Pl. tomenteuses, blarchât.
A. Dioïca L. (A. dioïque ou pied-de-chat).
Tige de 6 à 15 c^{es}, très-simple ; f^{es} radicales,
en spatule, cotonneuses. Ecailles intérieures
allongées, obtuses, colorées. Fl. dioïques,
les femelles rouges, les mâles blanches (en
M^i J^n) ; vivace : pâturages, champs élevés,
Fraipont, Louv., Andrimont, etc.

G. Filago Tourn. (Cotonnière).

Involucre anguleux, cotonneux, à écailles
aiguës. Fleurons femelles placés entre les
écailles et à la circonférence, les hermaphrodites à 4-5 lobes ; aigrette capillaire,
nulle dans les graines extérieures. Pl. tomenteuses, blanchâtres.
F. Germanica L. (C. d'Allemagne). Tige
de 15 à 35 c^{es}, dressée, laineuse ; f^{es} obl.,
lanc., obtuses ; involucre tout cotonneux.
Fl. jaunâtres en tête, globuleuses (J^t A^t);
viv.: lieux pierreux, bords des chemins.

F. Montana DC. (F. des montagnes ou **F. naine**). Tiges basses, grêles ; f⁰⁰ linéaires, lancéolées, aiguës, appliquées, blanches, cotonneuses. Involucre à 5 angles. jaunâtre au sommet. Fleurs jaunâtres, en paquets axillaires et terminaux, dépassant presque les feuilles (J^t A^t) ; ann. : lieux pierreux élevés, montagnes arides.

G. Pulicaria Gaert. (Pulicaire).

Involucre à folioles imbriquées. Récept. presque plan, nu. Fl. de la circonférence en languette, sur un rang, celles du centre tubuleuses. Graines striées, aigrette double, l'extérieure courte, en forme de couronne dentée, l'intérieure peu poilue, à poils sur un rang. Fl. toutes jaunes.

P. Dyssenterica Gaert. (P. dyssentérique). Tige 30 à 50 c⁰⁰, cotonneuse ; f⁰⁰ embrassantes, oblongues, en cœur, ondulées-dentées, blanchâtres, cotonneuses en dessous, rameaux latéraux étalés. Fl. de la circonférence en languette, allongées, toutes jaunes (en A^t Sept.) : lieux humides, oseraies, fossés, île Moncin, Herstal, Val-Benoit, Ougrée, Kinkempois et bords de l'Ourthe.

P. Vulgaris Gaert. (P. commune). Tige de

20 à 30 c⁰ˢ, dressée, diffuse, rameuse, pubescente ; fˡˢ petites, oblongues-velues, pédonc.
feuillés, uniflores, terminaux et latéraux.
Fl. en languette, peu apparentes, presque
globuleuses, jaunes (en Aᵗ Sept.) ; vivace :
j'en ai reçu un échantillon provenant des
oseraies à Herstal.

G. *Inula* L. (Inule).

Involucre imbriqué. Réceptacle nu. Fl. de
la circonférence en languette, sur un rang,
celles du centre tubuleuses. Graines à 4-10
côtes. Aigrette simple, à poils fins sur un
rang. Fl. toutes jaunes.

I. Helenium L. (I. aunée). Tige forte de 1
mètre et plus ; fˡˢ grandes, ovales-oblong.,
dentées, cotonneuses en dessous, les infér.
pétiolées, les supérieures embrassantes.
Involucre à feuilles larges. Fleurs jaunes,
grandes (en Jᵗ Aᵗ) : prairies humides, bords
d'un fossé à Haute-Fraipont et près de la
station, jamais rencontré dans les jardins
de nos environs.

I. Britannica L. (I. d'Angleterre). Tige de
30 à 40 cᵐˢ, velue ; fˡˢ embrassantes, lanc.,
dentées, cotonneuses en dessous ; écailles
de l'involucre étroitement linéaires. Fleurs

en capitules nombreux, jaunes, 1 par pédonc.
(en A^t Sept.) : oseraies, île Moncin, Liége,
Ougrée, etc.

I. Conysa DC. (I. Conyse ou herbe-aux-
mouches, en wallon *hieppe di mohes*). Tige
de 45 à 90 c^m, dressée, rameuse, obscure,
ainsi que les feuilles ovales-lanc., pubesc.,
les infér. en spatule, crénelées, dentées. Fl.
d'un jaune sale, noirâtre, à involucre vert,
en corymbe (J^t A^t) ; vivace : coteaux, haies,
bords des chemins.

G. *Salidago* L. (Solidage).

Involucre à folioles imbriquées. Récept.
presque plan, nu, alvéolé. Fl. de circonfér.
en languette, sur un rang, celles du centre
tubuleuses. Graines striées, à poils sur un
rang.

S. Virga-aurea L. (S. Verge-d'or, en wallon
vegge d'or). Tige de 30 à 60 centim., dressée,
cylindrique, presque flexueuse ; f^s infér.
ellipt., celles de la tige lancéolées, rétrécies
aux deux bouts, toutes pétiolées. Fleurs en
capitules nombreux, en grappes dressées,
jaunes (J^t Sept.) : bois montueux.

S. Canadensis L. (S. du Canada). Tige rude;

feuilles lancéolées, accuminées, dentées, pubescentes, en dessous, à 3 nervures. Fl. jaunes, en grappes paniculées, en corymbe, serrées, denses, recourbées (en A^t Sept.) ; viv. : cultivée dans les jardins et se trouve abondamment dans les lieux pierreux, et sur les murs entre deux bras de la Vesdre à Haute-Fraipont. Naturalisée.

G. Erigeron L. (Vergerette).

Involucre à folioles linéaires, imbriquées. Réceptacle nu. Fleurs de 2 couleurs, demi-fleurons femelles ; aigrette à poils simples.

E. Acre L. (V. âcre). Tige velue, rameuse ; feuilles lancéolées, étroites, les inf. obtuses, les supér. aiguës. Fleurs rose-violet, plus longues que l'involucre, disposées en 1 et 3 capitules sur chaque rameau (en M^i J^n) : lieux pierreux.

E. Canadensis L. (V. du Canada). Tige de 30 à 70 c^{es}, raide, hérissée ; f^{es} lanc.-ciliées, les infér. dentées. Fl. d'un blanc jaunâtre, petites et très-nombreuses (en J^t Sept.) ; ann. : bords des chemins, décombres, lieux incultes, Ness., Vaux, Chaudf., île Moncin, Herstal, Val-Benoit, Ougrée, etc., etc,

G. *Aster* L. (Aster).

Involucre ovale, imbriqué, à folioles ext^{es} étalées. Réceptacle nu, alvéolé. Fleurs de la circonférence en languette, sur un rang, violacées, celles du centre tubuleuses, jaunâtres, blanches. Aigrette à poils simples.

A. Lanceolatus L. (A. lancéolé). Tige de 70 c^{es} à 1 mètre et plus, très-rameuse ; f^{es} entières, lancéolées, glabres ; capitules très-nombreux ; fl. blanches (en A^t Sept.) ; viv. : bords de la Vesdre, Fraip., Trooz, Ness., Fleer, Goffontaine, Pepinster, etc.

A. Novi-Belgi (A. Belgique). Tige rameuse, paniculée ; f^{es} embrassantes, lancéolées, les inférieures presque dentées ; folioles de l'involucre linéaires, aiguës. Fleurs bleu d'azur à la circonférence (Oct.) ; vivace : rencontré 4 à 5 beaux pieds dans les oseraies, à Herstal.

A. Amellus L. (A. œil-de-Christ). Est cultivé et on en rencontre sur un coteau devant Fraipont. Fl. bleu-pâle, lilas, solitaires (J^t A^t).

G. *Linosyris* D. (Linosyris).

Involucre à folioles imbriquées peu nom-

breuses. Réceptacle un peu convexe, nu,
alvéolé-denté. Fl. toutes tubuleuses, jaunes.
Graines pubesc.-soyeuses. Aigrette à poils
sur deux rangs.

L. Vulgaris DC. (L. commune). Tige de 30
c^{es} environ, très-feuillée, glabre ; feuilles
très-rapprochées, éparses, linéaires, entières, à 1 nervure. Fleurs jaunes (A^t Sept.);
viv. : rochers entre Sougnez et Aywaille.

G. Doronicum L. (Doronic).

Involucre à folioles linéaires, accuminées,
presque égales, sur 2 rangs. Réceptacle un
peu convexe, nu. Fl. de la circonférence en
languette, sur 1 rang, celles du centre tubuleuses. Semences de la circonférence sans
aigrette, celles du centre sur plusieurs rangs.

D. Pardalianches. L. (D. Pardalianche).
Tige de 40 à 70 c^{ts}, poilue; f^{es} radic. et infér.
en cœur, pétiolées, celles du milieu embrassantes, les supérieures sessiles, arrondies.
Fl. jaunes (en J^n J^t); viv. : bois montueux
ombragés, Fraipont, aux environs du château, et indiqué à Ensival.

G. Arnica L. (Arnique).

Invol. à folioles oblongues sur 2 rangs.

Réceptacle un peu convexe, nu. Fleurs de la circonférence ligulées, celles du centre tubuleuses. Semences munies d'une aigrette de poils sur un rang.

A. Montana L. (A. des montagnes, en wallon *ouïe di boû*). Tige de 35 à 50 c^{es}; f^{es} radicales, en rosette, ovales, celles de la tige 2-4 opposées. Fleurs jaunes, solitaires, grandes (en M^i J^n) : bois, bruyères, Fraip., Louvegnez, Theux, La Reid, Spa, Sart, Francorchamps et Ardenne.

G. *Senecio* L. (Seneçon).

Involucre à folioles sur un rang, muni à la base de petites folioles accessoires. Réceptacle plan ou un peu convexe, nu. Fleurs de la circonférence ligulées, sur un rang, celles du centre tubuleuses. Semences à aigrette à poils fins, sur un rang.

S. Vulgaris L. (S. commun, en wallon *coquerai*). Tige de 25 à [35 c^{es}; f^{es} embrass., sinuées, pinnatifides, dentées; fl. jaunes, en corymbe (M^{rs} à Oct.) ; ann. : lieux cultivés, jardins.

S. Sylvaticus L. (S. des bois). Tige de 25 à 45 c^{es}, raide, glabre, très-rameuse au som-

PETITE BOTANIQUE.

Le Trèfle d'eau. — Latin : *Menyanthes trifoliata*. — Wallon : *Traiblenne di marass*. (Famille des Gentianées.)

Jolie plante croissant dans les marais tourbeux, les fagnes, les bords des eaux, à fleurs en grappes rosées, dont les pétales sont couverts à leur face supérieure de longs cils blancs et crépus, à feuilles grandes, à trois divisions, portées par un long pétiole arrondi, à tige souterraine, épaisse, couverte par les gaînes des anciennes feuilles.

Fleurit en avril-mai, assez commune dans nos environs, se trouve déjà au Jonckeu.

Est employée en tisane comme amer tonique, stomachique et fébrifuge. Quelques brasseurs l'utilisent en guise de houblon.

G.

PETITE BOTANIQUE.

La digitale pourprée. — Latin : *Digitalis purpurea*. Wallon : *Deuquet*. (Famille des Scrophularinées.)

Grande et belle plante, bisannuelle, assez commune dans nos environs, croissant dans les bois et sur les coteaux, haute d'un demi à un mètre, à grandes feuilles ovales oblongues ou lancéolées, à fleurs de 4-5 centimètres, ventrues, en forme de cloche, pourprées, munies à l'intérieur de poils et de piquetures rouges bordées de blanc, en grappe unilatérale.

Plante vénéneuse, dont les feuilles sont employées en médecine, *surtout pour diminuer le nombre des pulsations du cœur et ralentir la circulation du sang.*

G.

D'après ces considérations, on pourrai
croire que les élèves sortant de nos école:
spéciales peuvent en confiance se présente·
dans nos usines et nos manufactures avec l:
certitude d'y voir leurs offres de service ac·
cueillies avec empressement; or, l'expérienc·
ne prouve que trop souvent le contraire : c·
n'est qu'avec une assez grande réserve qu·
la plupart de nos industriels se décident :
admettre, comme volontaires dans leurs éta·
blissements, les jeunes ingénieurs qui leu·
sont recommandés.

Les jeunes gens qui ne disposent ni d·
hautes protections ni de grandes relation:
de famille en sont réduits à saisir les occa·
sions quelconques que le hasard leur offr·
pour entrer dans la pratique.

Il n'est pas rare de voir un ingénieur de·
mines entrer dans un atelier de constructio·
de machines ou un ingénieur des arts et ma·
nufactures dans une exploitation de chemin·
de fer; quelques-uns même deviennent pro·
fesseurs dans l'enseignement moyen.

Heureux encore si la carrière où ils se son·
engagés, pour ainsi dire involontairement·
n'est pas précisément celle qui répond l·

le fête, on mange de la chèvre ou.du mouton
ôti au riz, puis on prend du miel et du lait.

» Leur costume est léger, pittoresque, bien
brapé : il a pour éléments le fez, la fustanelle
ombant jusqu'aux genoux, la vareuse brune
·u matin, et avec cela, dans le sud seulement,
·n surtout de laine blanche. Des broderies et
·oritures à l'excès, partout où faire se peut.
·es hommes ont la tête rasée, sauf une forte
·ouffe au sommet, ou bien seulement toute la
·artie antérieure du crâne. Point de barbe,
·nais d'autant plus de moustache.

» L'Albanais dort dans ses habits, sur un
·it de feuilles ou sur un tapis, sur la terre bat-
·ue de sa maison toute primitive. Dans le nord
·lu pays, il habite des demeures en pierre
·yant généralement deux étages, le supérieur
·ervant de résidence; souvent la maison est
·oisine d'une tour; tour et demeure sont unis
·ar un pont suspendu, et en cas de danger,
·a tour sert de réduit. Tout est calculé pour
·ne bonne défense : la maison est dans une
·ituation élevée, elle épie le pays, elle a ses

met; f^{es} radicales dentées, celles de la tige embrass. pinnat. dentelées, glabres en dessous; fl. jaunes, petites, en corymbe dressé (en Jⁿ A^t) : bois, Olne, Goffontaine, Cornesse.

S. Viscosus L. (S. visqueux). Tige de 30 à 45 c^{es}, rameuse, étalée ; f^{es} pinnat. dentées, velues, poisseuses, languettes de fl. enroulées en dehors ; fl. jaunes (en J^t A^t) ; ann. : lieux incultes, décombres, graviers, etc.

S. Erucæfolius L. (S. à f^{es} de Roquette). Tige de 30 à 60 c., dressée, grisâtre ; feuilles presque embrass. grisâtres, cotonneuses, surtout en dessous, ovales et presque également lyrées, pinnatifidee à lanières-linéair., incisées et bordées au sommet de dents aiguës, la terminale en coin. Fl. jaunes en corymbe (en Jⁿ A^t) : vallée de l'Ourthe.

S. Jacobæa L. (S. Jacobée). Tige de 50 à 90 c., cotonneuse ou blanchâtre ; feuilles infér. lyrées-pinnat., les supér. sinuées, 2 fois pinnatifides, à lanières rongées, déchirées, roulées en dessous par les bords ; écailles de l'involucre toujours scarieuses au sommet, à nervures distinctes et fines. Fl. jaunes, en corymbe : bois, prairies, etc.

S. Aquaticus Huds. (S. Aquatique). Tige de 40 à 75 c.; f^{es} lyrées, à lobe terminal très-grand ; fl. jaunes (en J^t Sept.) : bords du canal, à Herstal.

S. Paludosus L. (S. des marais). Tige d'un mètre et plus ; f^{es} demi-embrassantes, lanc., allongées, dentées, à dents aiguës. Fleurs jaunes, en corymbe large (en J^n J^t) : lieux humides et oseraies, à l'île Moncin, Jupille et Herstal.

S. Saracenicus L. (S. Sarasin). Tige de 70 c^{es} à 1 mètre ; f^{es} sessiles, obl.-lancéolées, glabres, un peu coriaces, doublement dentées. Fl. jaunes, assez petites, en corymbe très-rameux, à pédicelles ordinairement courts, rarement quelques-uns allongés (en J^t Sept.) : bois montueux frais.

G. *Eupatoria* Tourn. (Eupatoire).

Involucre à folioles imbriquées. Récept. presque plan, nu. Fleurs toutes tubuleuses, peu nombreuses. Semences à 4-5 côtes ; aigrette sur 1 rang. Feuilles opposées.

E. Cannabinum L. (E. chanvrine ou E. d'Avicenne). Tige de 1 mèt. et plus, dressée; feuilles pétiolées, digitées, en 3-5 segments lancéolées, dentées, celles du milieu plus longues ; fl. rougeâtres, en corymbe vastes (A^1 M^t) ; viv. : lieux humides.

G. *Tussilago* L. (Tussilage).

Involucre simple, à écailles colorées, membraneuses au bord. Réceptacle presque plan, nu. Fl. de la circonfér. en languette, nombreuses et sur plusieurs rangs, celles du centre en petit nombre, tubuleuses. Semences un peu striées ; aigrettes à poils longs, fins sur, plusieurs rangs.

T. Farfara L. (T. Pas-d'Ane, en wallon *pas-d'augne*). Hampe uniflore munie d'écailles ; fⁿ en cœur, anguleuses, dentées, cotonneuses, pubescentes en dessous. Fl. jaunes, devançant les feuilles (en Mⁱ A¹) ; vivace : champs humides, bords des eaux.

T. Fragrans L. (T. parfumé ou héliotrope d'hiver). Hampe poilue, de 15 à 30 c. ; feuilles arrondies, en cœur, également dentelées, pubescentes en dessous. Fleurs rougeâtres, à odeur suave, au premier printemps disposées comme en corymbe ou en thyrse : lieu très-ombragé d'un bois devant Fraip., ce bois pouvait être jadis comme un parc.

G. *Petasites* Tourn. (Pétasite).

Involucre sur 1-2 rangs, souvent muni à la base d'écailles plus petites. Réceptacle nu, presque plan. Fleurs toutes tubuleuses. Semences un peu striées ; aigrette à poils sur plusieurs rangs.

P. Vulgaris Desf. (P. commun, en wallon *chapai d'aiwe* ou *parapluis*). Tige de 30 à 40 c., épaisses; feuilles grandes, très-larges en cœur, doublement dentées. Fl. rouges en grappes, rougeâtres (en Mrs Ml) ; vivace : bords des eaux.

LIGULIFLORES OU CHICORACÉES. — Capitules de fleurs toutes en languette. — Graines dépourvues d'aigrette poilue.

G. *Lapsana* L. (Lampsane).

Involucre à 8-10 folioles sur 1 rang, à fol- courtes à la base, à la fin dressée. Réceptacle sans paillettes. Graines comprimées, striées, sans aigrette.

L. Communis L. (L. commune). Tige de 30 à 60 c., rameuse, un peu velue à la base ; feuilles radicales, lyrées, obtuses, les cauli- naires pétiolées, ovales-lancéolées, comme anguleuses, dentées, poilues au bord et en dessous. Graines fusiformes, sans aigrette. Fl. jaunes, en panicule (en At Sept.) ; ann. : lieux cultivés, bois.

G. *Cichorium* L. (Chicorée).

Involucre à folioles nombreuses sur deux rangs et inégales, les intérieures soudées à la base, les extérieures courtes. Réceptacle nu, glabre ou velu. Akènes à 4 angles, aplatis Aigrette formée d'écailles petites, nombreuses et sur 2 rangs.

C. Intybus L. (C. sauvage, en wallon *sauvage cicoraie*). Tige de 30 à 45 c⁏, rameuse ; feuilles roncinées, un peu hérissées sur les nervures. Fleurs bleu plus ou moins pâle et réunies par 2 ou 3 le long des rameaux (en Jⁿ Sept.) ; viv. : lieux pierreux, bords des chemins.

On cultive le C. Endivia ou C. Endive. Graines toutes ou la plupart à aigrette plumeuse.

G. *Hypochœris* L. Porcelle.

Involucre à folioles imbriquées sur plusieurs rangs. Réceptacle muni de longues paillettes. Graines striées, amincies en un long bec capillaire, ou celles de la circonférence sans bec ; aigrette à poils barbus ou les extérieures scabres.

H. Glabra L. (P. glabre). Hampe de 15 à 30 c⁣ᵉˢ, glabre, presque nue, rameuse ; fˡˡᵉˢ dentées-sinuées, oblongues, étroites, glab. ; involucre presque aussi long que les fleurs; aigrette à poils sur 2 rangs ; fleurs jaunes (en Juin Juillet) : moissons maigres, près le hameau de Banneux et Louveignez.

H. Radicata L. (P. enracinée). Tige de 30 à 55 c., rameuse, nue, presque lisse; feuilles roncinées, obtuses, rudes; pédoncules écailleux ; aigrette pédicellée; fl. jaunes (en Mai Août) ; bisann. : prairies, pelouses, bois.

H. Maculata L. (P. maculée). Tige de 30 à 60 c., presque nue, simple, un peu rameuse; feuilles la plupart radicales, étalées, ovales, oblongues, quelquefois entières, souvent tachées de noir ; tige et involucre hérissés, à écailles bordées de poils ; fleurs jaunes, grandes, 1 à 4 (en Juillet Août) : coteau inculte à Fœureux-Jalhay. Rare.

G. *Thrincia* Roth. (Thrincie).

Involucre imbriqué sur plusieurs rangs. Réceptacle sans paillettes. Graines un peu arquées, striées, les extérieures terminées par un bord en forme de couronne, les intᵉˢ par une aigrette à poils barbus.

T. Hirta Roth. (T. hérissée). Hampe de 15 à 25 cᵉˢ, hérissée ; fᵉˢ lancéolées, allongées, sinuées-dentées, hérissées de poils, presque simples ; pédoncules lisses ; capitules solitaires ; fl. jaunes (Jᵗ Aᵗ) : bords des chemins, champs.

G. Leontodon L. (Liondent).

Involucre imbriqué de folioles, toutes appliquées, les extérieures courtes. Récept. nu. Graines centrales, rétrécies au sommet; aigrette à poils extérieurs courts et glabres.

L. Hispidus L. (L. hispide). Hampe simple, de 10 à 20 cᵉˢ ; fᵗˢ lanc., sinuées-dentées, parsemées de poils ; involucre en cloche ; fl. jaunes, médiocres (en Jᵗ Sept.) ; vivace : bois, pâturages.

L. Autumnalis L. (L. d'Automne). Tige de 25 à 35 cᵉˢ, rameuse, sans feuilles ; feuilles pinnatifides, dentées, glabres ; pédoncules écailleux, un peu renflés au sommet ; fleurs jaunes, en capitules solitaires, penchés avant la floraison (Jᵗ Aᵗ) ; viv. : bords des chemins, prairies.

G. Picris Juss. (Picride).

Involucre à folioles égales, sur plusieurs

rangs, les extérieures plus courtes, étalées. Réceptacle alvéolé, presque nu. Graines courbées, striées ; aigrettes plumeuses, soudées en rond à la base.

P. Hieracioïdes L. (P. Epervière). Tige de 40 à 60 c., hérissée de poils rudes et crochus ; f⁽ˢ⁾ lanc., sinuées-dentées, pinnat. hérissées, rudes, les supér. un peu embrassantes ; fl. jaunes en corymbe (en J¹ A⁵) : coteaux pierreux.

G. *Tragopogon*. L. (Salsifis).

Involucre simple, à 8-12 folioles sur un rang, plus ou moins soudées à la base. Réceptacle nu. Graines striées en long ; aigrette plumeuse, à pédicelles grêles.

T. Pratensis L. (S. des prés, en wallon *sauvage salsifis* ou *knœ*). Tige de 80 c⁽ᵉˢ⁾ à 1 mètre et plus ; feuilles glabres, accuminées, entières, dilatées, embrassantes à la base ; involucre égalant environ les demi-fleurons ; pédoncules un peu renflés au sommet ; fleurs jaunes (en M¹ J⁽ⁿ⁾) ; vivace : prairies fraîches, lieux pierreux.

Le Scorzonera hispanica L. (Scorzonère, en wallon *scorsionére*) est cultivé ; graines toutes munies d'une aigrette plumeuse.

G. Taraxacum Juss. (Pissenlit).

Involucre double à 2 rangs de folioles, les intér. plus longues, égales, dressées. les extérieures réfléchies. Récept. nu. Graines à aigrette pédicellée, à poils simples.

T. Officinale Wigg. (P. officinal, en wallon *florins d'or*). Hampe uniflore ; f^es roncinées, presque glabres ; fl. jaunes (en Av. Sept.) ; viv. : presque partout.

G. Lactuca L. (Laitue).

Involucre imbriqué, oblong, à écailles membraneuses au bord. Réceptacle nu ; demi-fleurons nombreux. Graines à aigrette pédicellée, molle, fugace.

L. Sativa L. (Laitue cultivée, en wallon *salaute*). Feuilles entières, dentées, lisses, les inférieures arrondies, les supérieures cordées ; fl. en corymbe ; capsules à plus de 5 fleurs (J^n A^t) ; ann. : cultivée.

L. Scariola L. (L. scariole). Tige de 40 à 80 c^es, épineuse à la base ; feuilles sinuées, pinnat., embrassantes, sagittées à la base, à nervure épineuse ; graines grisâtres, hérissées ; fleurs jaunes, petites (en J^t A^t) ; ann.: lieux pierreux, aux bords de la Meuse, Herstal, Liége, Ougrée, etc.

L. Virosa L. (L. vireuse). Tige de 50 à 80 c.; f⁰ˢ horizontales, obl., obtuses, dentelées, à nervures épineuses, les inférieures sinuées; graines noires, lisses : a été indiquée près Verviers. Rare.

L. Saligna L. (L. Saulière). Tige de 30 à 60 cᵉˢ, grêle, à rameaux effilés ; f⁰ˢ infér. lancéolées, pinnat., les supérieures très-entières, linéaires, sagittées à la base; fl. jaunes, petites, axillaires, presque sessiles (en Jⁿ A⁴) : lieux pierroux, aux bords de la Meuse, à Val-Benoit et Liége.

L. Muralis Fr. (L. des murs). Tige très-lisse, de 30 à 45 cᵐ ; feuilles lyrées, pinnat., anguleuses, à lobe terminal très-grand, ordinairement à 5 angles ; fl. en panicule rameuse; capitules à 5 fleurs, jaunes (Jⁿ A⁴); ann. : lieux pierreux, ombragés et murs, vallée de la Vesdre et collines environnantes.

G. *Sonchus* L. (Laitron).

Involucre imbriqué, ventru à la base. Réceptacle nu. Graines striées en long ; aigrette courte, à poils fins, sur plusieurs rangs.

S. Oleraceus L. (L. des lieux cultivés, en wallon *laupson*). Tige de 15 à 40 cᵐ; feuilles obl.-lanc., variables, embrassantes par dès oreillettes étalées ; quelquefois elles sont entières, sinuées ou presque pinnatifides, dentelées ciliées ; fleurs jaunes (en M^{rs} N^{re}) ; ann. : lieux cultivés.

S. Asper Vill. (L. rudé, en wallon *laupson*). Tige de 30 à 40 c^{es} ; feuilles bordées de cils presque épineux, à oreillettes contournées en hélice ; fleurs jaunes (en Mrs Nov.) ; ann. : lieux cultivés.

S. Arvensis L. (L. des champs, en wallon *laupson d'champs*). Tige de 40 à 60 c^{es} ; f^{tes} roncinées, en cœur à la base, dentelées, épineuses, à oreillettes courtes et obtuses ; fl. jaunes (en J^t A^t) ; ann. : lieux cultivés, moissons.

G. *Barkhausia* Mœnch (Barkhausie).

Invol. à fol. imbriquées sur 2 ou plusieurs rangs, les extérieures courtes. Réceptacle nu, glabre ou velu. Graines cylindriques, insensiblement amincies, au moins celles du centre, en un bec assez allongé ; aigrette à poils fins sur plusieurs rangs.

B. Fœtida DC. (B. Fétide). Tige de 20 à 40 c^{es}, velue, rameuse, dressée ou étalée ;

feuilles d'un gris verdâtre, hérissées, rudes,
roncinées, lyrées, pinnat., à lobes petits,
aigus, le term. grand. anguleux, les supér.
sagittées ; involucre tomenteux. Capitules
de fleurs jaunes penchés avant la floraison
(en J^n A^t) ; ann. : lieux pierreux, coteaux.

G. *Crepis* L. (Crépide).

Involucre à folioles imbriquées sur 2 ou
plusieurs rangs, les extérieures courtes.
Réceptacle nu, glabre ou velu. Graines
munies de côtes lisses ou dentées ; aigrette
à poils fins.

C. Virens L. (C. verdâtre). Tige de 30 à
40 c^{es} ; f^{es} sagittées, embrassantes, presque
glabres; invol. farineux à la base, égalant
les aigrettes ; fleurs jaunes, un peu rouges
en dehors, nombreuses, petites (en J^t A^t) ;
ann. : prairies, bords des chemins.

C. Biennis L. (C. bisannuelle). Tige de 50
à 75 c^{es}, dressée-sillonnée, rude, surtout à la
base; f^{es} hérissées, plus ou moins roncinées,
pinnat., à lobes courbés vers la base, les
supérieurs sessiles, lanc., dentées ; invol.
plus court que les aigrettes, à folioles vertes
à l'intér. ; fl. jaunes, grandes, en corymbe

(en Mai Juin) ; bisann. : prairies, bords des chemins.

C. Paludosa Mœnch (C. des marais). Tige de 35 à 60 c^es, dressée ; f^es rad.-obl., dentées, sinuées, les caul. lanc.-dentées, embrass^tes ; fl. jaunes (en J^n J^t) ; viv. : prairies humides, marais.

G. *Hierarcium* L. (Epervière).

Involucre à folioles imbriquées sur 2 ou plusieurs rangs. Réceptacle nu, glabre ou velu. Graines striées, aigrette à poils fragiles, sur plusieurs rangs.

H. Pilosella L. (E. Piloselle, en wallon *oreille di rat*). Hampe de 10 à 25 c^es, stolonifère, ne portant qu'un capitule ; feuilles ovales, plus ou moins rétrécies à la base, entières, blanches en dessous, hérissées de poils longs, épars ; fl. jaune-pâle, rouges en dessous (en M^i A^t) ; viv. : lieux pierreux, pelouses arides.

H. Auricula L. (E. Oreillette). Tige de 10 à 25 c^es, presque nue, portant 2 à 5 capitules ; f^es ovales ou en spatule, presque entières, lisses, ciliées à la base. Fl. jaunes (M^i J^n) : champs humides, bords des chemins, bois.

H. Murorum L. (E. des murs). Tige de 30
à 40 c⁰ˢ, dressée; fˢ ovales, dentées, 1 seule
rarement 2 sur la tige, les infér. à long
pétiole. Fl. jaunes (en Mⁱ Aᵗ); viv. : murs,
bois montueux.

H. Sylvaticum Lam. (E des bois). Tige de
40 à 60 c⁰ˢ, portant 2 à 5 feuilles oblongues,
molles, douces, ordinairement velues, celles
des rosettes rétrécies en pétiole; pédoncules
étalés, dressés ; fl. jaunes (en Jᵗ Aᵗ) : haies,
bois.

H. Boreale Fries. (E. du Nord). Tige de 40
à 70 c⁰ˢ, velue, hérissée, rougeâtre ; feuilles
ovales, demi-embrassantes, aiguës-dentées,
les supérieures ordinairement rapprochées,
les inférieures détruites au moment de la
floraison. Fl. jaunes (en Jᵗ Sept.) ; vivace :
bois montueux, Fraipont, Olne, Cornesse,
Goffontaine, etc., etc.

H. Tridentatum Fries. (E. Tridentée). Tige
de 60 c⁰ˢ à 1 mètre, rude, surtout à la base ;
fˢ ovales et lancéolées, pinnat., accuminées,
les supérieures assez éloignées. Fl. jaunes
(en Aᵗ Sept.); viv. : bois montueux, Froiheid,
Olne, Cornesse, Soiron, etc.

H. Umbellatum L. (E. en Ombelle.) Tige
de 40 à 80 cent. ordinairement glabre, raide,

simple, très-garnie de fl., presque linéaires, dentelées. Fol. de l'invol., à sommet recourbé en dehors ; fl. jaunes (en A^t O$^{r\bullet}$) ; viv. : bois, murs, coteaux.

AMBROSIACÉES.

Fl. monoïques, quelquefois sans corolle, les mâles sessiles, sur un réceptable commun, et entourés d'un invol., les femelles renfermées 1-2 dans un invol. dont les fol. sont plus ou moins soudées. Capitule mâle à fleurs nombreuses ; involucre à folioles sur 1 rang. Calice indistinct. Corolle à pét. plus ou moins soudés, tubuleuse et à 5 dents. Étamines 5, à anthères libres. Style entier. Capitule femelle, à involucre à folioles imbriquées, soudées en 1 invol., à 1-2 fleurs, hérissées d'épines. Cal. soudé avec l'ovaire. Corolle insérée au sommet du calice, filif^{me} ou nulle. Style filiforme à 2 lobes. Fr. sec, à 1 loge, soudé avec le calice.

G. Xanthium Tourn. (Lampourde).

Capitules ne contenant des fleurs que d'un même sexe. Capitule femelle, à involucre à folioles imbriquées, hérissé en dehors et à 2 loges uniflores, à 1 graine.

X. Strumarium L. (L. Glouteron). Tige épaisse, de 40 à 80 c^{es}, anguleuse, rameuse, non épineuse ; f^{es} larges, en cœur, à 3 lobes courts, inégaux, peu saillants. Fl. verdâtres (en J^t Sept.) : décombres, graviers de la Vesdre, Fleer, Louhaie, Nessonvaux, Vaux, 1870 à 1876.

X. Spinosum L. (L. épineuse). Tige de 30 à 40 c^{es}, à épines trifides ; f^{es} cunéiformes, trifides, dentées, blanches, cotonneuses en dessous. Fl. verdâtres (en Jⁿ A^t) ; annuelle : tous les graviers de la Vesdre et bord du ruisseau de Nessonvaux.

FLEURS SANS PÉTALES (APÉTALES).

Enveloppes florales sans corolle ou nulle graine, enveloppées dans un ovaire fermé, recevant la fécondation par un stigmate.

Fleurs non amentacées, pourvues d'un calice ou une corolle et un calice soudés ensemble, nommé Perigone par De Candolle.

AMARANTACÉES.

Fleurs hermaphrodites, monoïques ou dioïques, entourées par des poils ou par des écailles scarieuses, colorées et persistantes. Calice non soudé avec l'ovaire, à 3 ou 5 **div.** 3 ou 5 étamines libres ou soudées en 1 **seul** corps. Un ovaire. Un style simple ou **mul-** tiple. Stigmate souvent simple et **capité.** Capsule à 1 loge, à 1 graine, rarement à plusieurs.

G. Amarantus L. (Amarante).

Calice à 3 ou 5 divisions prof. ; fl. mâles **à** 3 ou 5 étamines ; fleurs femelles 3 **styles.** Capsules monospermes à 3 cornes.

A. Blitum L. (A. blette). Tige couchée ; f^{es} ovales, obtuses, bilobées au sommet, **et** décurrentes sur le pétiole. Fl. supér. en **épi,** les autres axillaires, en glomérules, **vertes** (en J^t Sept.) ; ann. : jardins, bords de **la** Vesdre, Verviers, Nessonvaux.

A. Retroflexus L. (A. réfléchie). Tige **de** 30 à 40 cent., dressée, un peu flexueuse ; feuilles ovales, oblongues, accuminées **et** atténuées, en pétiole à la base ; **bractées** épineuses ; fl. en épis axillaires et termi- naux, verdâtres : graviers de la **Vesdre,** décombres à Val-Benoît. Fugace.

SALSOLACÉES.

Fl. hermaph., quelquefois monoïques **ou**

dioïques. Calice ordinairement à 3 sépales libres ou soudés à la base, croissant après la floraison. Etam. souvent 5, libres, rarement soudées à la base. Styles 2, souvent plus ou moins soudés. Fruit à 1 loge à 1 semence, renfermé dans le calice.

G. Atriplex Tourn. (Arroche).

Fl. monoïques ou dioïques. Cal. à 5 divis., 5 étam ; les femelles : cal. à 2 div., croissant après la floraison, appliquées l'une contre l'autre.

A. Hortensis L. (A. des jardins, en wallon *Airipe*). Tige de 35 à 50 cent., glauqne, ainsi que les feuilles qui sont triangulaires-hastées, tronquées à la base ; fl. couleur de la plante, en épi rameux, peu serrées (en J^t S^e) ; ann. ; cultivé dans tous les jardins de nos environs ; une variété, plante toute d'un rouge foncé.

A. Hastata L. (A. Hastée). Tige de 30 à 50 cent., dressée, à rameaux inférieurs divariqués ; feuilles vertes des 2 ctôés, les inférieures triangulaires-lancéolées-hastées, dentées, à dents saillantes. Fl. par paquets, en grappes allongées, couleur de la plante :

lieux cultivés, bords des chemins, décombres.

A. Patula L. (A. étalée). Tige de 25 à 35
cent., étalée, divisée de la base au sommet,
à rameaux très-nombreux, à angle droit,
la plupart opposés ; feuilles vertes, oblongues, hastées-lancéolées, rétrécies en court
pétiole, les supérieures linéaires ; fl. en
grappes axillaires, courtes (en J^t S^{re}) ; ann.:
mêmes lieux que la précédente.

Variété angustifoliée, à feuilles supérieures toutes linéaires, lancéolées : dans
les lieux cultivés, montueux, calcaires, à
H^{te}-Fraipont.

Le Spinacéa oléracéa et le S. glabre Mill.
(épinard) sont cultivés.

Beta vulgaris L. (Betterave). Est cultivé.

G. *Chenopodium* Tourn. (Ansérine).

Calice à 2-5 divis. Cor. nulle. Etam. 2-5,
insérées à la base du cal. Ovaire 1. Style
court, simple ou divisé. Fruit ne s'ouvrant
pas. Feuilles alternes. Fl. vertes. Pl. souvent chargées d'une poussière blanche.

C. Polyspermum L. (A. Polysperme). Tige
de 30 à 50 cent., rameuse, diffuse, angu-

leuse, glabre ; feuilles ovales-obl. entières, obtuses, vertes ; fl. vert-rougeâtre, en grappes axillaires, courtes, divergentes, rameuses (en J^t S^{re}) ; ann. : lieux cultivés, etc.

C. Vulvaria L. (A. Vulvaire, A. puante). Tige de 20 à 30 cent., étalée, couchée ; feuilles petites, ovales-rhomboïdales, très-entières, farineuses des 2 côtés ; fl. en glomérule, en épis axillaires et terminaux, courts (en J^t S^{re} ; ann. : pied des murs, Val-Benoit. Commun Coucoumont. Rare.

C. Album L. (A. Blanche, en wallon *sauvage Airipe*). Tige de 30 à 50 cent. ; feuilles rhomboïdales-ovales, presque également sinuées-dentées, glauques, farineuses, surtout en dessous ; les supérieures oblongues entières ; fl. en paquets axillaires disposés en grappes (en J^t S^{re}) ; ann. : décombres, lieux cultivés.

C. Murale L. (A. des murs). Tige de 30 c^{es} environ, verte, rameuse, presque étalée, striée ; f^{es} minces, vertes, luisantes, ovales, aiguës, très-dentées ; fl. par paquets, en grappes nues, rameuses, divergentes, en corymbe (en J^t Sept.) ; ann. : pied des murs, décombres, à Val-Benoit lez-Liége.

C. Hybridum L. (A. hybride). Tige de 25

à 35 c^{es}, ascendante, étalée ; feuilles un peu en cœur, à 4-6 grosses dents, anguleuses ; fl. en petites grappes (en A^t Sept.) : rochers, lieux pierreux, à la Rochette, etc.

C. Ambrosoïdes L. (A. fausse-ambrosine ou thé du Mexique). Tige dressée ; f^{es} vertes, lancéolées, bordées de petites dents écartées ; plante à odeur forte et agréable ; fl. en épis axillaires, lâches, simples, feuillés (en J^t Sept.) ; ann. : rencontrée chaque année de 1870 à 1876, sur les graviers de la Vesdre, Fleer, Nessonvaux, Fraipont, Chénée, etc.

G. *Blitum* Tourn. (Blite).

Fleurs souvent hermaphrodites. Sép. 3-5. Etamines 5 ou moins. Styles 2. Fruit aplati.

B. Virgatum L. (B. effilée). Tige de 40 à 70 c^{es}, effilée, penchée, feuillée jusqu'au sommet ; f^{rs} allongées, triangulaires-lanc., bordées de longues dents aiguës ; capitules herbacés, souvent mélangés sur le même rameau avec d'autres capitules charnus, rougeâtres (en J^t Sept.) ; ann. : trouvé quelques pieds sur les graviers de la Vesdre, mais fugaces.

B. Rubrum Rch. (B. rouge). Tige de 30 à

40. c^{es}, rougeâtre ; f^{es} étalées, charnues, rhomboïdales, triangulaires ou presque trilobées, dentées-sinuées, les 2 dents inſér. très-grosses ; fl. à 3 divisions, à 1-2 étam., la supérieure de chaque paquet à 5 divisions et 5 étamines, en grappes, feuillées, vertes, rougeâtres (en A^t Sept.) : rencontré sur les graviers de la Vesdre, de 1870 à 1875, et sur les décombres à Fays-Polleur ; pas retrouvé en 1876.

B. Bonus-Henricus Rch. (B. Bon-Henri, en wallon *sauvage sipinau* ou *pi d'pourçai*). Tige de 30 à 40 c^{es} ; f^{es} triangulaires ; fleurs axillaires, en grappes courtes, les supér. formant par leur réunion une longue grappe non feuillée (en M^t Jⁿ); viv. : lieux incultes, bords des chemins.

POLYGONÉES.

Fleurs hermaphrodites, rarement unisexuelles. Calice persistant, à 3, 4, 5 ou 6 divisions profondes. Etamines nombreuses, insérées à la base du calice, à anthères marquées de sillons. Ovaire 1. Plusieurs styles ou stigmates sessiles. Graine nue ou recouverte par le calice. Plante à feuilles alternes et engaînantes.

G. *Rumex* L. (Patience).

Fleurs hermaphrodites, polygames ou dioïques. Calice à 6 sépales, sur 2 rangs, les trois extérieurs un peu soudés à la base. Etamines 6, sur un rang, alternes avec les sépales. Styles 3, filiformes, penchés. Stig. divisés. Fleurs verdâtres.

R. Obtusifolius L. (P. à feuilles obtuses, en wallon *suralle di vache*). Tige rameuse, flexueuse, à rameaux droits ; f^{es} pubesc., en dessous ovales, en cœur, les supérieures lancéolées, un peu aiguës et presque sessiles ; sépales à dents aiguës, allongées. Fleurs nombreuses demi-verticillées, en panicule serrée (en J^n J^t) ; viv.: lieux cultivés, prairies.

R. Patientia L. (P. officinale). Tige dressée, de 50 à 70 c^{es} ; f^{es} radicales, longues de 30 à 50 c^{es}, pétiolées, échancrées, en cœur à la base ; valves, sépales presque en cœur, une des internes portant un tubercule. Fl. (J^n J^t) ; viv. : cultivée.

R. Hydrolapathum Huds. (P. des rivières). Feuilles grandes ; sépales intérieurs triangulaires, tous munis d'un tubercule sur le dos et environ aussi larges que longs. Plante élevée ; fl. (en J^n J^t) ; viv. : bords des rivières et des fossés.

R. Comglomératus Murr. (P. agglomérée).
Tige de 30 à 50 centim., grêle, rameuse, à
rameaux étalés et feuillés ; f^es radicales
pétiolées, petites, lancéolées, aiguës, les
supérieures sessiles ou presque sessiles,
sépales linéaires, lancéolées, portant toutes
un tubercule. Fleurs en verticilles, presque
tous munis de feuilles (en J^n J^t); viv. : haies,
lieux ombragés.

R. Crispus L. (P. Crépue). Tige de 30 à 40
c^és, rameuse, assez épaisse ; f^es longues, de
5 à 6 pouces, ovales allongées, aiguës,
ondulées, comme frisées en leurs bords, les
inférieures pétiolées, les supér. sessiles,
sépales ovales-obl., portant toutes un tub^le.
Fl. (en J^n J^t) ; vivace : prairies, bords des
chemins.

R. Sanguineus L. (P. sanguine, en wallon
hieppe di son). Tige de 30 à 60 centim., peu
épaisse, rameuse, rameaux dressés, nus ou
seulement munis d'une ou deux feuilles vers
le bas ; f^es radicales, longues, de 15 à 18 c^s
au plus, lancéolées. Fleurs en verticilles
dépourvus de feuilles; sépales plus longs
que larges (en J^n J^t) ; viv. : bois, bords des
chemins. Rencontré un pied à pétioles et
nervures vraiment d'un rouge de sang, au
bord d'un chemin à Halinsart-Fraipont.

R. Scutatus L. (P. à écusson, en wallon *suralle di damselle*). Tige de 10 à 20 cent. ; f^{es} hastées, à oreillettes étalées, divergentes, aussi larges que longues, glauques. Fl. (en Jⁿ J^t) : champs pierreux, rochers, Prayon, Val-Benoit, Herstal, Limbourg, etc.

R. Acetosa (P. oseille, en wallon *suralle*). Tige de 30 à 40 c^{es}; f^s oblongues, sagittées, à oreillettes non divergentes, les radicales pétiolées, les supér. sessiles ou presque; sépales sans tubercules. Fl. (en Mⁱ Jⁿ) ; viv. : prairies, lieux herbeux.

R. Acetosella L. (P. petite oseille, en wallon *suralle di berbi*). Tige de 10 à 20 c^{es}, grêle ; feuilles lancéolées, étroites, hastées, toutes pétiolées. Fl. rougeâtres, petites, en épi terminal grêle et rameux (en Mⁱ Jⁿ); vivace : lieux secs, paturages, etc.

G. *Polygonum* L. (Renouée).

Fleurs hermaphrodites. Calice pétaloïde, à 4 ou 5 divis. Etamines 5, 8 ou 9. Styles 2-3. Stigmates 2-3. Graine ovoïde ou triangulaire.

P. Bistorta L. (R. Bistorte, en wallon *hieppe di cossin*). Tige de 40 à 60 c^{es}, dressée; f^{es} ovales, lancéolées, blanches en dessous, les radicales pétiolées, les caulinaires embrassantes. Fl. rouges, en épi terminal (en J^n J^t); viv. : prairies humides.

P. Amphibie L. (R. Amphibie). Tige de 40 à 70 cent., épaisse, flottante, quelquefois rampante ou droite; feuilles longues, oval.-lanc., un peu en cœur, denticulées et pétiolées. Fl. en épi terminal, rouges (en J^n A^t) ; fossés, mares, lieux humides.

P. Lapathifolium L. (R. à feuille de patience). Tige de 40 à 60 cent., droite, ferme; feuilles ovales lancéolées, dégénérant en pétiole à la base, à gaînes peu ou point ciliées ; fl. rouges, blanches ou verdâtres (en J^n A^t) ; ann. : lieux cultivés, bords des eaux.

P. Persicaria L. (R. Persicaire). Tige de 30 à 60 cent., un peu couchée à la base, feuilles oval. lanc., à gaînes longuement ciliées au sommet. Epis de fleurs oblongs cylindriques, rouges ou blanches (en J^n J^t) ; ann. : bords des eaux, lieux cultivés.

P. Hydropiper L. (R. Poivre d'eau). Tige de 30 à 40 cent., dressée; feuilles lancéolées aiguës, à court pétiole. Calice chargé de points glanduleux ; fl. en épis grêles et lâches, roses (en J^n A^t) ; ann. : lieux humides, bords des eaux.

P. Aviculare L. (R. des oiseaux, en **wal-**lon *Hieppe di pourçai*). Tige grêle, de 20 à 35 cent., étalée ou couchée; feuilles oblong. lancéolées ; fl, réunies 2-3 ou solitaires à l'aisselle de chaque feuille, rougeât. (en J^n A^t) ; ann. : bcrds des chemins, lieux incultes, pavés.

Ces quatre dernières espèces ont quelquefois les f^{es} tachées de noir.

P. Convolvulus L. (R. Liseron, en **wal-**lon *Sauvache bouquette*.) Tige rampante couchée ou grimpante-volubile; feuilles ovales, triangulaires, sagittées ; fl. en panicules, grêles, blanchât. (en J^a J^t) ; ann. : moissons, lieux cultivés.

P. Dumetorum L. (R. des buissons). Tige plus longue, striée, un peu cylindrique; feuilles ovales, triangulaires, sagittées ; fl. en panicule plus fournie que les précé-dentes, blanchât. (en J^n A^t) ; ann. : haies, buissons, bois, taillis.

P. Tataricum L. (R. de Tartarie, en **wal-**lon *Bouquette*.) Tige droite, de 40 à 80 cent.; feuilles oval. triang., sagittées, entières, les inférieures pétiolées, les supér. sessiles ou embrassantes; fruits à angles lisses ; fl. d'un blanc rosâtre (en J^t A^t) ; ann. : quel-

quefois dans les lieux pierreux et les moissons.

CANNABINÉES.

Fl. dioïques. Fl. mâle: calice à 3 sépales,
libres, très-peu inégaux; étam. 5, opposées
aux sépales, insérées au fond du calice,
courtes. Fl. femelle: à 1 sépale, qui entoure
l'ovaire; stigm. 2 allongés; fruit sec, petit,
à 1 semence ; fl. mâles en grappes, les femelles en glomérules feuillés ou en épis
ovoïdes.

G. Cannabis Tourn. (Chanvre.)

Fl. femelles, munie d'une bractée petite.
Cal. à 1 sépale.

C. Sativa L. (Chanvre cultivé, en wallon
Chenne). Tige de 1 mètre et plus, droite,
simple et rude, feuilles pétiolées, opposées,
digitées, à 5 ou 7 folioles, lancéolées, aiguës,
à grosses dents ; fl. verdâtres (en Jⁿ Jᵗ) ;
ann. : bords des chemins, graviers de la
Vesdre.

G. Humulus L. (Houblon).

Fl. dioïques, les femelles à l'aisselle de

bractées membraneuses , accrochantes. Calice à 1 sépale, devenant membraneux-foliacé.

H. Lupulus L. (H. grimpant, en wallon *Houvion*). Tige grimpante, couverte d'aspérités; feuillles pétiolées, rudes, larges, le plus souvent palmées, à 3 ou 5 lobes dentés et accompagnés de stipules larges; fl. mâles, verdât., les femelles jaunâtres, en cônes écailleux ; viv. : haies, bois. Cultivé.

ULMACÉES.

Fl. hermaphrodites. Cal. à 4-5 div. Etam. 4 à 8, insérées à la base du calice. Ovaire 1. Styles 2. Stigmates 2. Fruit à 1 semence, comprimé, membraneux. Arbres à feuilles alternes, munies de stipules petites.

G. Ulmus (Orme).

Fl. hermaph. Calice à 4 ou 5 divis. Deux stigmates sessiles. Fruit ovale, arrondi, comprimé et membraneux sur les bords,

U. Campestris L. (Champêtre). Feuilles un peu rudes, ovales, dentées, à dents plus grandes et plus petites, alternantes, prolongées, inégalement à la base ; fruits glabres ; fleurs presque sessiles, rougeâtres (en A¹ M¹) ; viv. : planté au bord de certaines routes.

U. Effusa Mert. (O. effusé.) Fleurs pédonculées ; fruits pédonculés, ciliés et plus petits que les précédents : a été indiqué à Nessonvaux.

URTICÉES.

Fl. monoïques ou dioïques, rarement hermaph. ou polygames. Cal. rarement nul, à 4 divisions. Etam. 4, dans les fleurs mâles ou hermaph. Style 1. Stigmates 2. Graines recouvertes par le calice. Feuilles alternes ou opposées. Plantes herbacées, à poils raides, piquants.

G. Urtica Tourn. (Ortie).

Fl. monoïques ou dioïques. Calice à 4 divisions dans les fl. mâles. Etamines 4, saillantes.

U. Dioïca L. (O. Dioïque, en wallon *grande ourtaie*). Tige de 40 à 60 cent. ; feuilles opposées, en cœur, aiguës et dentées ; fl. en grappes pendantes (en J^t A^t) ; viv. : haies, bois.

U. Urens L. (O. brûlante, *pitite ourtaie*). Tige de 30 à 50 cent. ; feuilles opp., ovales-obtuses, dentées ; fl. en grappes courtes et dressées, vertes (en J^n J^t) ; ann. : lieux cultivés et incultes, décombres.

G. Parietaria Tourn. (Pariétaire).

Fl. polygames, les unes hermaph., les autres femelles, munies d'une ou deux bractées. Fl. hermaph. : calice à 4 sépales soudés à la base ; étam. 4. Fl. femelles : cal. renflé, à 4 dents. Plantes non piquantes, à feuilles entières.

P. Diffusa Koch (P. Diffuse). Tige de 30 à 40 c., étalée, rameuse, diffuse ; feuilles d'un vert sombre, ovales, rétrécies à la base, aiguës au sommet. Fl. petites, réunies en pelotons, axillaires et presque sessiles, vert-rougeâtre : vieux murs de la Vesdre, Verviers, Pepinster, Nessonvaux, Goffontaine, Prayon, Chaudfontaine, etc.

SANGUISORBÉES.

Étamines 4, insérées sur un disque en anneau qui rétrécit la gorge du calice. Ovaire non soudé au calice. Fruit à 1 ou 2, plus rarement 3 ou 4 carpelles distincts, à 1 semence, ne s'ouvrant pas de lui-même. Plantes herbacées.

G. Alchemilla Tourn.

Cal. à divisions sur 2 rangs, à 8 découpures, dont 4 alternes, plus petites. Corolle nulle. Étam. 4, courtes. Ovaire 1.

A. Vulgaris L. (A. Vulgaire, pied-de-lion). Tige de 30 à 40 cent., presque glabre, ainsi que les pétioles ; feuilles réniformes, à 9 lobes dentés, glabres en-dessus et plus ou moins velues en-dessous. Fl. en panicules terminales ou axillaires, d'un vert jaunâtre (en M^i J^n) ; viv. : bois, prairies.

A. Arvensis Scop. (A des champs, petit pied de lion). Tige de 10 à 15 cent., étalée ; feuilles presqu'arrondies, cunéiformes, à 3 lobes bi ou trifides ; fl. petites, toutes axillaires, sessiles (en M^i J^n) ; ann. : dans les moissons.

G. Sanguisorba L. (Sanguisorbe).

Cal. coloré, à 4 lobes, muni de 2 écailles

à sa base. Cor. nulle. Étamines 4. Ovaires **2.**

S. Officinalis L. (S. Officinale, en **wallon** *Hom-son*). Tige de 50 à 75 cent., droite **et** glabre ; f^{es} glauques en dessous, ailées, à **9** ou 13 folioles oblongues, en cœur, obtuses et crénelées ; fl. en épi ovoïde-cylindrique, rougeâtres (J^t A^t) ; viv. : prairies fraîches, **à** Nanceveux et bords de l'Ourthe, Esneux.

G. Poterium L. (Poterie).

Fleurs dioïques. Calice coloré, à 4 lobes munis de 3 écailles à la base. Corolle nulle. Etamines 20 à 30. Ovaires 2. Stigmates **en** forme de pinceau.

P. Sanguisorba L. (Pimprenelle). Tige **de** 30 à 50 c^{es}, droite, anguleuse, un peu **pubescente** à la base; f^{es} ailées, à 11 ou 15 fol., ovales-arrondies, profondément dent**ées**, glabres ou un peu velues et glauques **en** dessous ; fl. terminales en têtes ovoïdes **ou** globuleuses, rougeâtres ou verdâtres (Jⁿ J^t); viv. : lieux secs et arides, coteaux.

DAPHNOIDÉES.

Etamines 8-10, insérées. Ovaire non sou**dé**, avec le calice. Fruit sec, ne s'ouvrant **pas** ou baie nue à 1 loge, à 1 semence. Sous-arbrisseaux à feuilles ordinairem* alternes.

G. Daphne L. (Daphné).

Calice tubuleux, à 4 dents. Etamines 8. Style court et central. Baie à 1 loge, à une semence.

D. Laureola L. (D. Lauréole). Feuilles oblongues-lancéolées, persistantes; calice glabre; fl. en grappes axillaires, réunies 4-5 ensemble, d'un jaune vert, odorantes (en Fév. Mars); viv. : a été indiqué jadis dans les bois de Fraipont.

D. Mezereum L. (D. Mezeron, bois-gentil ou bois joli, en wallon *ingleti*). Sous-arbriss. de 40 à 90 c^es ; feuilles lancéolées, entières, caduques; fleurs pédicellées et réunies 3-4 ensemble, en paquets axillaires, rouges (en Fév. Mars); viv. : bois montueux.

HIPPURIDÉES.

Etamine 1, insérée au sommet du tube du calice. Ovaire soudé avec le tube du calice. Fruit à 1 loge, à 1 semence, ne s'ouvrant pas. F^es verticillées. Plantes aquatiques.

G. *Hippuris* L. (Pesse).

Calice à tube soudé à l'ovaire, à limbe petit, entier; corolle nulle. Une étamine. Un style filiforme. Noix à une semence couronnée par le limbe du calice; f^{es} verticillées.

H. Vulgaris L. (Pin d'eau ou queue de cheval). Tige de 30 c^{es} environ, droite, cylindrique et noueuse; feuilles étroites, linéaires, entières et verticillées par 6 ou 12. Fleurs petites, vertes, sessiles et axillaires (en J^n A^t) ; viv. : dans un fossé aquatique à Magnée.

ARISTOLOCHIÉES.

Calice à une pièce adhérent à l'ovaire. Etamines nombreuses insérées sur le disque. Style court. Stigmate divisé ; une baie coriace à beaucoup de loges et à plusieurs semences.

G. *Asarum* Tourn. (Asaret).

Calice trifide, à lobes égaux. Etam. 1-2 ; anthères libres. Fr. surmonté par le limbe du calice persistant ; feuilles opposées.

A. Europæum L. (A. d'Europe, cabaret ou

9*

oreille d'homme). Tige coute, munie à la base de 2 stipules engaînantes ; 2-3 feuilles réniformes entières, longuement pétiolées, coriaces et un peu velues ; 1 fleur à court pédoncule placée dans l'intervalle des pétioles et penchée après la floraison, rouge-noirâtre (en A¹ M¹) ; vivace : a été indiqué jadis dans les bois entre Fraipont et Andoumont, et plus récemment à Magnée, dans les bois pierreux et ombragés.

EUPHORBIACÉES.

Fleurs monoïques ou dioïques, en épi ou réunies dans un involucre, rarement solitaires. Calice à 3-6 divisions, souvent nul dans les fleurs femelles ; dans les fl. mâles, étamines insérées au réceptacle, à filament souvent articulé dans son milieu ; dans les femelles, ovaires à 3 styles bifides, quelquefois 2 ou 1 fruit libre, capsulaire, à 3 loges, rarement à 1 ou 2 semences. Plante à suc blanc, caustique.

G. *Euphorbia* L. (Euphorbe).

Fleurs monoïques, plusieurs étaminés et 1 pistil renfermés dans un involucre cali-

ciforme à divisions soudées à la base. Fl.
mâles de 10 à 20 ou plus, constituées chacune par 1 seule étamine. Styles 3, bifides
ou émarginés. Capsule ou fruit à 3 coques,
à 1 grain. Plante à suc laiteux, bl.-bleuâtre.

E. Helioscopia L. (E. Réveil-matin). Tige
simple de 20 à 30 c^{es} ; feuilles cunéiformes,
dentées, élargies et arrondies au sommet;
ombelles de fleurs jaunâtres, à 5 rayons,
dichotome (en J^n A^t) : lieux cultivés.

E. Peplus L. (E. Péplus). Tige de 15 à 25 c.;
feuilles entières, pétiolées aussi larges que
longues, surtout les inférieures ; ombelles
à 3 rayons plusieurs fois dichotomes (J^n A^t) ;
ann. : lieux cultivés, jardins et décombres.

E. Cyparissias L. (E. Cyprès, en wallon
pitit sapin). Tige de 30 à 40 c^{es}, dressée ;
f^{es} linéaires étroites, celles des rameaux
stériles, sétacées ; ombelles de 9 à 15 rayons,
une ou deux fois dichotomes. Fl. d'un vert
jaunâtre (en J^n J^t): coteaux stériles, Colonhé,
Nainfosse, Halinsart, Heid-Mawet et Fraip.

E. Esula L. (E. Esule). Tige de 30 à 50 d^i,
dressée, rameuse ; f^{es} oblongues ou lancé,
assez larges ; ombelles de 6 à 20 rayons, une
ou deux fois dichotomes. Fl. vert-jaunât.
(en J^n J^t) ; viv. : lieux herbeux sur les bords
de la Meuse.

E. Exigua L. (E. Exiguë). Tige de 15 à 25 c.; f⁰ˢ linéaires, aiguës et sessiles ; ombelles de 2-3 ou 4 rayons dichotomes. Fl. petites, vert-jaunâtre (en Jⁿ A¹) ; ann. : moissons, champs.

E. Amygdaloïdes L. (E. Amandier). Tige de 40 à 60 cᵉˢ ; f⁰ˢ obovales, lanc., entières, velues, un peu molles; bractées soudées à la base. Fl. jaune-verdâtre; vivace : bords des chemins, haies et bois.

E. Lathyris L. (Epurge Catherinette). Tige simple de 60 à 75 cᵉˢ ; f⁰ˢ d'un vert bleuâtre, lancéolées, un peu aiguës, comme opposées et disposées en croix ; ombelles à rayons nombreux dichotomes. Fl. jaune-verdâtre (en Jⁿ Jᵗ) : lieux cultivés, bords des chemins et décombres.

G. *Mercurialis* Tourn. (Mercuriale).

Fleurs dioïques, mâles à 8-12 étamines, périgone à 3 divisions; fl. femelles: périgone à 4 divisions. 2 styles courts, entiers. Caps. à 2-3 coques, à 1 semence.

M. Perennis L. (M. vivace). Tige de 25 à à 40 cᵉˢ, nue à la base ; f⁰ˢ pétiolées, ovales-lancéolées, aiguës-dentées, d'un vert foncé; fl. vertes, les femelles presque sessiles, les máles en grappes (en M' J"); vivace : bois montueux.

M. Annua L. (M. annuelle, en wallon *hitroule*). Tige de 30 à 40 c^{es}, rameuse; f^{ees} pétiolées, ovales-lancéolées, aiguës-dentées, glabres ; fl. femelles presque sessiles, verdâtres (en A' M'); ann. : lieux cultivés et décombres.

CALLITRICHINÉES.

Calice à 2 sépales opposés. Etamines 1-2, hypogynes, alternes avec les sépales; ovaire libre. Styles 2, en alène. Fruit composé de 4 coques monospermes ne s'ouvrant pas. Plantes submergées ou nageantes.

G. *Callitriche* L. (Callitriche).

Calice à 2 sépales, très-petites. Etam. 1, rarement 2. Anthère portée sur un long filet. Styles 2. Fruit composé de 4 coques à 1 semence, ne s'ouvrant pas.

C. Verna Kütz (C. printanière ou étoile d'eau). Tige grêle; f^{es} opposées, glabres, d'un vert clair, les infér. écartées, étroites, linéaires, les supérieures rapprochées, plus larges. Fl. petites, d'un blanc sale (en Mars-Avril) ; ann. : fossés aquatiques.

C. Stagnalis Scop. (C. des étangs). Feuilles toutes obovales, atténuées à la base ; ann. ou viv. (J^n Sept.)

C. Hamulata Kütz. (C. à crochets). Feuilles toutes linéaires (M^i J^a) : fossés, St-Hadelin, entre Limbourg et Halou.

CÉRATOPHYLLÉES.

Fleurs monoïques, dépourvues de calice. Involucre de même forme dans les fl. mâles et les fleurs femelles, à plusieurs divisions. Corolle nulle. 14 à 20 étamines dans les fl^s mâles; dans les femelles, 1 ovaire à une loge surmonté d'un style et d'un stigmate. Noix à 1 loge, à une semence ; herbes aquatiques à feuilles verticillées

G. Ceratophyllum L. (Cornifle).

Périgone à 8-10 divisions. Fl. mâles, 14 à 20 étamines ; fl. femelles, une noix ovoïde, aiguë, à 1 une loge et à 1 semence.

C. Démersum L. (C. nageant). Tige allongée plus ou moins rameuse ; feuilles à segments

linéaires, filiformes, fortement denticulées ;
fruit muni au-dessus de la base de 2 épines
arquées-réfléchies, style égalant ou dépassant la longueur du fruit. Fleurs verdâtres
(en J' Sept.) ; viv. : fossés, marais; indiqué
entre Fraipont et Trooz.

APÉTALES AMENTACÉES.

Fleurs unisexuelles diclines, les mâles
sans calice, munies d'involucre ou d'écailles
disposées en épis qui tombent après la floraison ; les femelles ont des calices ou non
et disposées en chatons ou non. Arbres ou
arbrisseaux.

JUGLANDÉES.

Fleurs monoïques, les mâles en chatons,
à périgone formé d'une écaille en forme de
calice, partagée latéralement en 2 ou 6 lobes;
étamines nombreuses à filets courts, à
anthère à 2 loges ; fl. femelles en petit
nombre à l'extrémité des rameaux, à périgone double ou simple adhérent à l'ovaire,
l'externe à 4 divisions, l'interne, quand il y
en a un, à 4 folioles; ovaire à 1 loge. Drupe
charnue contenant une noix à 2-4 valves.

Graine dépourvue de périsperme, divisée en 4 lobes, munie d'un tégument membraneux. Arbres à fleurs altern., ailées, avec impaire, sans stipules.

G. *Juglans* L. (Noyer).

Mêmes caractères que ceux de la famille. J. Regia L. (Noyer, en wallon *jeilli*). Arbre élevé ; fˢ glabres, coriaces. à 7-9 folioles aiguës, d'un vert sombre ; involucre fructifère, vert, lisse, luisant, presque globuleux ; fruit gros, irrégulièrement sillonné. Fleurs vertes (A¹ M¹) ; viv. : cultivé et propagé dans les montagnes pierreuses et arides, à Remouchamps et à Sougnez.

CUPULIFÈRES.

Fleurs monoïques : les femelles à calice en tube soudé avec l'ovaire. qui contient 2-3 rarement 4-6 loges à 1 ovule ou 2, qui sont suspendues ; involucre fructifère très-accru, renfermant complètement le fruit et s'ouvrant à 4 valves ou le renfermant à peu près. Fruit à 1 loge, ordinairement à une semence. Arbres ou arbrisseaux.

G. *Fagus* Tourn. (Hêtre).

Fl. mâles en chatons presque globuléux. Invol. campanulé, à 5-6 divis. Etam. 8 12, insérées au fond de l'involucre. Involucre fructifère, ligneux, chargé d'épines, renfermant complètement de 1 à 3 fruits, s'ouvrant en 4 valves. Fruit à 3 angles, chatons mâles à longs pédoncules et pendants.

F. Sylvatica L. (H. des forêts, en wallon *fawe*). Feuilles pétiolées, ovales, aiguës ou accuminées, lâchement dentées, luisantes, coriaces ; fr. à 3 angles (faîne) brun luisant. Fl. (en J^t A^t) : bois.

G. *Castanea* Tourn. (Châtaignier).

Fleurs mâles en chatons filiformes, interrompus. Involucre fructifère, épais, coriace, chargé en dehors d'épines subulées et étalées, en étoile, renfermant 1 à 3 fruits, s'ouvrant en 4 valves. Chatons mâles dressés. C. Vulgaris Lam. (C. commun). Feuilles pétiolées, oblongues-lanc., aiguës, grandes, fortement dentées, coriaces, glab., luisantes, à nervures saillantes ; fr. assez gros, brun, luisant, large et blanchâtre à la base (Châtaigne, en wallon *Cascagne*).

G. Quercus Tourn. (Chêne).

Fl. mâles, en chatons filif ; invol. à 6-8 divis. ciliées ; invol. fruct., ligneux, entourant seulement la base du fruit (gland).

Q. Sessiflora. Smith. Feuilles pétiolées, pinnat. ; pédoncules des fruits plus courts que les pétioles (A' M') : bois, etc.

Q. Pédunculata. Ehrh. (Chêne pédonculé). Feuilles pétiolées, pinnat. ; pédoncules des fruits longs (A' M') : bois, etc.

G. Corylus Tourn. (Coudrier.)

Fl. mâles, en chat. cylindriq. Etam. 6-8, insérées à diverses hauteurs à la partie moyenne d'une écaille à 2 lobes, qui est soudée en dehors avec la bractée. Anthères barbues au sommet. Fl. femelles renfermées dans un bourgeon écailleux. Involuc. foliacé, en cloche, ouvert et irrégulièrement lacinié-denté.

C. Avellana L. (Noisetier, en wallon *Neuhi*). Feuilles pétiolées, larges, arrondies, ovales, terminées par nne espèce de mucron, doublement dentées ; écailles des châtons mâles obovales-cunéiformes. Styles

rouges ; involuc. du fruit grand, dépassant
le fruit (Noisette), ouvert au sommet. Fl.
(en Fév. M^s) : bois, haies.

G. Carpinus L. (Charme, en w$^{•n}$ *Chaumal*).

Fl. mâles en chat. cylind. Etamines 6-15
ou plus, insérées à la base de la bractée.
Anthères barbus au sommet ; fl. femelles
en grappes ; involucre du fruit foliacé, à 3
lobes, le moyen plus grand, embrassant le
fruit qu'il cache en dehors.

C. Betulus L. (Charme, en wallon *Chau-
male*.) Feuilles pétiolées, ovales-aiguës ou
accuminées, arrondies ou un peu courbées
à la base, doublement dentées ; écailles des
chat. mâles ovales, accuminées, ciliées, à
pointe rougeâtre ; involuc. du fruit grand,
dépassant de beaucoup le fruit ; fl. (A^l M^i) :
boies, haies.

SALICINÉES.

Fl. dioïques, les mâles et les femelles en
chatons cylind. Disque à 1-2 glandes, occu-
pant la base des organes sexuels ou en cupule. Fl. femelle : calice nul ; capsule à
plusieurs graines, s'ouvrant en deux val-

ves ; graines entourées de longs poils soyeux.
Arbres ou arbrisseaux.

G. *Salix* Tourn. (Saule).

Ecailles des châtons entières ; disque réduit à 1-2 glandes ; étamines 2-3.

S. Alba L. (S. blanc, en wallon *blanque sau*). Feuilles blanchât., soyeuses surtout en-dessous, longues, dentées ; caps. à pédicelles égalant la glande. Fl. (en A' M') : bords des eaux, haies.

S. Babylonica L. (S. Pleureur). Arbre à rameaux pendants, près des maisons de campagne et cimetières des villes.

S. Fragilis L. (S. Fragile). Arbr. Feuilles couvertes de poils soyeux couchés, surtout en-dessous dans leur jeunesse, oval.-lanc. ou lanc.-aiguës, dentées ; fl. mâle : une écaille obl. ; 2 rarement 3 étam. ; fl. fem. : style 1, long ; stigm. 1 ; caps. oblong. planté (A¹ M¹) : haies, Fraip., Magnée, etc.

S. Viminalis L. (S. des Vanniers). Feuilles lanc. linéaires, longues, un peu ondulées, à la fin glabres ; fl. mâles ; 2 étamines à filaments simples ; femelles : style 1, long, à 2 ou 4 stigm. grêles et simples. Feuilles à bords entiers (A¹ M¹); les oseraies, à Herstal.

Ces 3 dernières espèces ont les écailles des chatons d'un vert jaunâtre ou rarement un peu rosées ; les 3 suivantes ont les écailles brunes ou noires au sommet.

S. Purpurea L. (S. pourpre). Feuilles à la fin glabres ; étam. soudées ; style plus court que les stigm. ; anthères purpurines (A¹ M¹) : dans les oseraies.

S. Cinerea L. (S. cendrée). Feuilles ternes en-dessous, rétrécies et terminées par une pointe ; stipules un peu dentés ; bourgeons pubescents ; bois humides.

S. Aurita L. (S. à Oreillettes). Feuilles ov. ou obov., obtuses ou terminées par une pointe, ridées et crépues ; fl. mâles : 2 étamines ; dans les fem. : 4 stigm. sess. ou presque ; 1 écaille florale lanc. (A¹ M¹): bords des eaux, bois.

S. Capréa L. (S. Marceau, en wallon *Sau minou*). Feuilles ov., peu ridées ; fl. mâles : 2 étam. ; fem. : 2 stigm., sess. ou presque ; 1 écaille florale oblong. et élargie au sommet.

S. Repens L. (S. Rampant). Arbriss. à tige rampante ; feuilles petites, rétrécies et terminées en pointe courte, soyeuses, luisantes en dessous ; bruyères humides.

G. Populus Tourn. (Peuplier).

Ecailles des chatons incisées ou laciniées.
Disque en forme de cupule, entourant complètement les étamines et l'ovaire. Etam.
8-12 ou plus. Ovaire sessile ou non. Style
très-court. Stigmates 2, allongés, bipartits.
Arbres.

P. Tremula L. (P. tremble, en wallon
trône). Feuilles à pétioles grêles et longs,
glabres sur les 2 faces ou un peu pubescentes en-dessous ; celles des rejets velues,
laineuses en dessous, jamais blanches ; chatons à écailles velues ou ciliées ; jeunes
pousses pubescentes ; fl. (en A¹ M¹) : bois
montueux, lieux humides.
Observation. — Cet arbre a les pétioles
grêles, ce qui fait trembler les feuilles au
moindre souffle.

P. Alba L. (P. blanc, en wallon *Blanc
plop*). Feuilles ang.-aiguës, tomenteuses et
d'un beau blanc en dessous ; chatons à
écailles ciliées ; jeunes pousses pubescentes;
fl. (en A¹ M¹) : arbre planté par-çi par là et
dans les bois.

P. Pyramidalis (P. pyramidal). Arbre à
rameaux très-rapprochés ; feuilles pr. tri.

aiguës, dentées, plus larges que longues ;
écailles des chatons et jeunes pousses glab.;
fl. (en A¹ M¹) : planté communément.

P. Nigra L. (P. noir, en wallon *blanc bois*).
Arbre à rameaux étalés ; feuilles ovales-
aiguës, plus longues que larges ; écailles
des chatons et jeunes pousses glabres ; fl.
(A¹ M¹) : planté communément, bords des
routes, etc.

BÉTULINÉES.

Fleurs monoïques, les mâles et les femelles
à la base de bractées ou écailles, en chatons
cylindriques ou ovoïdes. Fleurs mâles à
écaille accompagnée en dedans de 2 autres
écailles latérales, entières ou à 2 lobes re-
couvrant 3 fleurs. Calice à 4 divis. ou à 1.
Étamines 2 ou 4, à la base des divisions de
l'involucre. Ovaire à 2 loges. Fruit sec, à 1
graine. Arbres.

G. *Betula* Tourn. (Bouleau).

Chatons mâles à fleurs formées d'une
bractée dont les étaminés sont insérées à la
base au nombre de 4, à filets soudés par
paires ; chatons fructifères à écailles mem-

braneuses ; chatons femelles cylindriques,
solitaires, pendantes.

B. Alba Tourn. (B. blanc, en wallon *biole*).
F^es pétiolées, ovales, triangulaires, accuminées, dentées, luisantes en dessus, vert-pâle
en dessous ; écailles des chatons femelles
ciliées ; styles rougeâtres. Fl. ($A^1 M^i$) : bois.

G. *Alnus* Tourn. (Aulne).

Fleurs formées chacune d'un involucre
régulier dans les chatons mâles, à 3-4 lobes
où sont insérées les étamines à filets courts
et libres. Anthères à 2 lobes. Chatons femelles à écailles assez épaisses, accompa-
gnées chacune, en dedans, de deux écailles
latérales, à 2 lobes renfermant 2 fleurs, les
fructifères à écailles horizontales. Chatons
femelles ovoïdes dressés, disposés avec les
chatons mâles en panicules.

A. Glutinosa Gaertn. (A. glutineux, en
wallon *onai*). Feuilles presque orbiculaires
souvent tronquées ou émarginées au sommet.
Fl. (en A^t Sept.) : bords des eaux.

CONIFÈRES.

Fleurs monoïques ou dioïques, les mâles

en chatons munis d'une écaille et souvent d'un périgone ; étam. en nombre variable et insérées sur le périgone ou sur l'écaille qui le remplace; les femelles, solitaires, tantôt disposées en tête ou en cône, munies d'écailles imbriquées; périgone monophylle ou remplacé par 1 écaille. Un ovaire cônique. Un stigmate. Une graine osseuse ou membraneuse; pour fruit, un cône ou une drupe, selon que les graines sont sessiles, à l'aisselle d'écailles qui s'accroissent et deviennent ligneuses ou distinctes, ou qu'elles sont réunies en 1 fruit unique par l'accroissement des écailles, qui deviennent charnues et se soudent. Arbres ou arbrisseaux, à suc résineux et toujours verts.

G. *Taxus* L. (If).

Fleurs femelles solitaires ; fruit simple, laissant voir le sommet de la graine ou noyau.

T. Baccata L. (If commun). Arbre plus ou moins élevé ; f^s planes, linéaires, rapprochées, disposées sur 2 rangs ; fl. jaunâtres (en A^l Mⁱ). Fruits rouges, oblongs : cultivé et il s'en trouve 3-4 arbres au bord du chemin à Steppe-Fraipont.

G. *Juniperus* L. (Genévrier).

Fleurs femelles dressées, pour fruit une baie.

J. Communis L. (G. commun, en wallon *pèket*). Arbrisseau de 1 à 2 mètres, souvent en buisson, s'élevant quelquefois à 4 ou 5 mètres et formant alors un petit arbre ; f** lancéolées, linéaires, aiguës, piquantes, verticillées 3 par 3 ; fruits verts, puis noirs. Fleurs d'un jaune vert (en M* A') : coteaux pierreux, bods des bois.

J. Sabina (Sabine). Arbrisseau de 1 mètre à 1 m. 50 ; f** opposées, imbriquées sur 4 rangs, ovales, obtuses, demi-étalées. Fruit bleu noirâtre : cultivé par-çi par-là, rarement.

Les thyas orientalis et occidentalis L., sont cultivés ; le cupressus pyramidalis, (cyprès à rameaux rapprochés) est cultivé rarement.

G. *Larix* (Mélèze).

Fleurs monoïques. Etamines 2. Graines sessiles à l'aiselle d'écailles, qui deviennent ligneuses. Cônes latéraux à écailles imbriquées, minces, non renflées au sommet. Chatons simples.

L. Europæa DC. (M. d'Europe). Arbre élevé; f⁹ linéaires, aiguës, molles, d'un vert clair, d'abord réunies en faisceaux fournis, puis solitaires et disposées en double spirale, et tombant en hiver ; fl. jaunâtres (en A¹ M¹) : planté communément.

G. *Pinus* L. (Pin).

Deux étamines; cônes terminaux, à écailles imbriquées, épaisses, anguleuses et ombiliquées au sommet ; chatons mâles rameux.

P. Sylvestris L. (P. sylvestre ou Pin sauvage). Arbre élevé ; f⁹˙ glabres, linéaires, réunies par 2, sessiles, longues de 3 à 6 c⁹˙ ; cônes souvent deux à deux, dressés ou pendants et obtus au sommet ; fl. jaunâtres (en A¹ M¹) : planté communément dans les bois.

P. Strobus L. (P. de lord Weymouth). F⁹˙ réunies par 5 dans une gaîne; cônes cylind. très-allongés : cultivé aux bords des bois et massifs.

P. Picea L. (Sapin commun). F⁹˙ planes, disposées sur deux rangs ; cônes petits, à écailles caduques.

P. Abies L. (Sapin-Epicéa). Arbre élevé ; f⁹˙ solitaires, à 4 angles aiguës, d'un vert foncé et éparses; cônes dont le sommet est dirigé vers le bas ; fl. jaunâtres (en Avril) ; planté dans les bois et les avenues.

MONOCOTYLÉDONÉES. — 1 *Cotylédon ou feuilles séminales.*

Végétaux herbacés, rarement ligneux, dépourvus de moëlle centrale, de rayons médullaires et de véritable écorce. Feuilles à nervures parallèles simples, rarement ramifiées. Enveloppes de la fleur (périanthe) ordinairement en nombre ternaire, colorées, herbacées ou scarieuses, disposées sur deux rangs, souvent remplacées par des soies, des bractées ou nulles.

SUBDIVISION.

Périanthe pétaloïde ou à divisions extérieures seulement vertes.

CLASSE 1.

Ovaire non soudé avec le périanthe.

ALISMACÉES.

Fleurs hermaphrodites ou monoïques,

régulières. Périanthe à 6 divisions, 3 extér. herbacées, 3 intérieures pétaloïdes. Etam. 6 à 12 ou nombreuses, hypogynes ou insérées à la base des divisions intér. du périanthe. Styles courts. Stigmates entiers. Fruit libre composé de carpelles nombreux, rarement 6-12, secs, à 1 semence, rarement 2 ou plusieurs. Plantes à feuilles engaînantes, herbacées, aquatiques.

G. *Alisma* L. (Flûteau).

Fl. hermaphrodites. Etamines 6, opposées 2 à 2 aux divisions intérieures du périanthe. Carpelles nombreux, à 1 semence.

A. Plantago L. (Plantain-d'eau). Tiges dressées, de 60 à 80 c^{es}, nues ; f^{es} à longs pétioles, ovales-aiguës, marquées de nervures ; fl. en panicules, rameuses, blanches ou roses (en J^n A^t) ; viv. : bords des eaux, fossés.

G. *Sagittaria* L. (Sagittaire).

Fleurs monoïques, les mâles à étamines nombreuses ; fl. femelles ; ovaires nombreux, placés sur un réceptacle globuleux, autant de capsules à une semence.

·S. Sagittifolia L. (S. Flèche-d'eau). **Tige** grosse, droite et anguleuse; feuilles à longs. pétioles, sagittées, aiguës et glabres; fleurs verticillées 3 par 3, les inférieures femelles, d'un blanc rosé (en J^n J^t); viv. : dans les fossés entre Jupille et Herstal.

BUTOMÉES.

Fleurs hermaphrodites, régul. Périanthe à 6 divisions, les 3 intérieures plus grandes. Etamines 9. Styles courts. Stigmate latéral. Fr. libre, composé de 6 carpelles à plusieurs. semences. Plantes des eaux.

G. Butomus L. (Butome).

-Fleurs hermaphrodites. Etamines neuf. Ovaire 6; autant de carpelles, à plusieurs. semences.

B. Umbellatus L. (B. en ombelle, jonc fleuri). Tige de 60 cent. à 1 mètre; feuilles radic. linéaires, aiguës, triquetées, un peu plus courtes que la tige; fl. en ombelle simple et terminale, de 12 à 36 rayons, variant du rose au blanc (en M^i J^n); viv.: fossés aquatiques, île Moncin, Herstal, Val-Benoît.

COLCHICACÉES.

Fl. herm. rég. Périanthe à 6 divis., sur 2 rangs. Etam. 6. Styles 3. Fruit à 3 carpelles, à graines nombreuses. Pl. terrestre. Feuilles toutes radicales, ordinairement charnues.

G. *Colchicum* Tourn. (Colchique).

Périanthe comme en entonnoir, à tube long, paraissant naître du bulbe. Etam. 6. Styles 3, filiformes, longs. Fruit à 3 carpelles soudés à la base ; pour racine un bulbe solide.

C. Autumnalis L. (C. d'Automne, en wallon *Sisette*). Hampe de 10 à 25 cent. ; feuilles qui ne viennent qu'au printemps, lancéolées, longues, planes, dressées, engaînantes; fl. roses, grandes (en A^t S^{re}) ; viv. : prairies un peu humides, bois.

LILIACÉES.

Fl. herm., régulières. Périanthe à 6 div., sur 2 rangs, libres ou soudés en tube. Etam. 6, insérées sur l'ovaire ou sur le périanthe. Ovaire simple. Style 1 ou nul. Stigmate entier ou à 3 lobes. Caps. à 3 loges, à graines nombreuses. Herbes à racines bulbeuses, rarement fibreuses, à feuilles alternes, quelquefois verticillées. Tiges simples, rarement rameuses.

G. *Ornithogalum* L. (Ornithogale).

Filets des étam. dilatés. Fl. disposées en corymbe. Pér. à 6 div. dressées. Style 1 ; racine bulbeuse. Fl. blanc. ou d'un bleu jaunât., à pédicelles naissant de bractées. Caps. à 3 loges.

O. Umbellatum L. (O. en ombelle, Dame d'onze heures.) Tige de 20 à 25 cent., dressée ; feuilles radic. linéaires, longues, souvent contournées. Fl. blanc. avec une raie verte sur chacun des segments du périgone, (A¹ M¹) ; viv. : prairies à Badweaux-Fraip., à Prayon, à Xhendelesse.

G. *Gagea* Salisb. (Gagée jaune).

Filets des étam. non dilatés. Périanthe à div. libres. Hampe anguleuse, munie à sa base d'une ou deux feuilles étroites, linéaires, et à sa partie supérieure de 2 ou 3 bractées, lanc.-lin., ciliées. Pédonc. simples, glabres.

Style glabré. Fleurs jaunes en dedans, vertes en dehors (en A') ; viv. : le long des haies, dans les prairies, Badweaux, Nomabaie, Rive-Fraipont et une prairie à Vaux-sous-Olne.

G. *Allium* L. (Ail).

Périanthe à div. libres ou soudées à la base et dilatées. Etam. placées sur l'ovaire ou à la base des divis., à filaments fil., quelquefois trifides au sommet. Cap. divisées en 3 loges, divisées en 2 parties.

A. Ursinum L. (A. d'oues, en wallon *Aillets*). Hampe un peu triang., de 20 à 30 cent. ; feuilles oval.-lanc., nerveuses, long^t. pétiolées ; fl. en ombelle lâche, blanches (en M^l J^n) ; viv. : haies, endroits couverts.

On cultive : A. Cépa L. (Oignon) ; A. Fistulosum L. (Ciboule) ; A. Ascolonicum L. (Echalotte) ; A. Schoenoprasum L. (A. Civette).

A. Oleraceum L. (A. des lieux cultivés, en wallon *Sauvache porette*.) Tige feuillée, de 25 à 35 cent.; feuilles demi-cylindriques, fistuleuses et sillonnées ; fl. d'un rose pâle, entremêlées de bulbilles, en ombelle, à étam.

incluses dans la corolle (en M^i J^n) ; viv. :
prairies, haies, coteaux.

A. Vineales L. (A. des vignes). Tige de
20 à 30 cent.) feuilles demi-cylindr., 2 ou 3
sur la tige ; fl. d'un rose pâle, à corolle dé-
passée par les étamines, entremêlées de bulbilles et disposées en une tête sphérique
(en J^n J^t) ; viv. : prairies, moissons. Rare.

A. Molly ; à fl. jaunes. Est cultivé dans les
jardins.

G. Muscari Tourn. (Muscari).

Périanthe ovoïde, subglobuleux, ou cyl.-
urcéolé, à div. courtes. Etam. insérées sur
le périanthe; filets courts. Style filif., court.
Capsule à loges à 2 graines ; racine bulbeuse.

M. Botryoïdes D. C. (M. Faux-Botryde).
Feuilles dressées, lanc.-linéaires, plus larges au sommet qu'à la base ; périanthe
globuleux ; fl. bleues, en grappe compacte
(en A^l M^i) : prairies montueuses, à Raie, à
Heid de Vesdre et près la station de Ness.,
Fraip. : 15 à 20 pieds ; prairie au bord de
la Vesdre, à Prayon : 5 pieds.

G. Phalangium Tourn. (Phalangère).

Périanthe à divis. étalées. Etam. à filets glabres. Style filif. Graines anguleuses ; racine fibreuse ; pédoncules articulés.

P. Ramosum Lam. (P. rameuse.) Tige presque nue et rameuse vers le haut ; f^{es} étroites, linéaires, planes et longues. Style droit, pubescent ; fl. éparses, pédonculées, blanches (en M^i J^n) ; viv. : trouvé 4 à 5 touffes sur un rocher boisé, à Nomabaie-Fraipont 1870 ; disparues par la construction d'un chemin en cet endroit.

G. Narthecium Mœch. (Narthécie).

Périanthe à div. étalées, libres. Etam. à filets barbus. Style cônique, épais. Capsules à loges à plusieurs graines minces ; racine rampante (souche).

N. Ossifragum Huds. (N. des marais, en wallon *Jenne Jacinthe*). Tige de 20 à 30 cent., feuillée ; feuilles linéaires ; fl. jaunes (en J^n J^t) ; viv. : marais des bois et des bruyères, Fraipont, Louveignez, Theux, Hokai, etc.

ASPARAGINÉES.

Fl. herm. ou dioïq. Périanthe herbacé ou pétaloïde, à 6 ou plus, ordinairement 4-6 ou 8 divis. profondes. Etam. en nombre égal aux divis. et insérées à la base. Ovaire 1. Styles 1-4. Stigm. 3-4. Raie globuleuse à 3 ou 4 loges, à peu de graines ; racines fibreuses ; fl. naissant à l'aisselle d'une spathe particulière souvent petite.

G. Convallaria L. (Muguet).

Fl. hermaph. Périanthe glob. ou cylind. partagé en 6 lobes peu profonds, arrondis. Etam. 6. Style 1. Baies à 3 loges à 1 graine.

C. Maïglis L. (Muguet de Mai). Feuilles toutes radicales, au nombre de 2 ou 3, oval. oblong., pétiolées. Fl. blanches, en grappes terminales nues (en M[1]) : viv. : bois, Fraip., Cornesse, Theux, Pepinster, etc.

G. Polygonatum Desf. (Polygonatum).

El. hermaph. Périanthe tubuleuse cylind. à 6 dents. Etam. 6, insérées au milieu du périanthe. Style entier. Stigm. trigone. Tige feuillée, simple. Fr. ordinairement noires.

P. Vulgare Desf. (P. Commun, sceau de Salomon). Tige anguleuse, feuilles alternes, embrassantes ; fl. disposées 1 ou 2 ensemble sur le même pédoncule, blanches (en $A^l M^b$) ; viv. : rochers, prés Hamoir.

P. Multiflorum. All. (P. Multiflore, grand sceau de Salomon). Tige cylindr. ; feuilles alt. embrass. oval.-lancéolées. Fl. 2-3 ou 4 sur le pédoncule, blanches (en $M^i J^n$) : viv. haies, bois.

G. *Maïanthenum* Wigg. (Maïanthème).

Périanthe à 4, rarement 6 divisions, aiguës, d'abord étalées, puis réfléchies. Étamines 4-6. Style 1. Baie à 2 ou 3 loges, à 1 graine.

M. Bifolia (M. à 2 feuilles, petit muguet).

Tige portant ordinairement 2 feuilles ovales, en cœur, pétiolées ; fl. bl, en grappe terminale (en Mai) ; viv. : bois dit de Theux. Lispinette, Prayon, entre Boncellés et Ougrée.

G. *Paris* L. (Parisette).

Périanthe herbacé, à 8 divisions, libres, dont les internes plus étroites. Étamines 8.

Style 4. Baie à 4 loges, qui renferment chacune 6 ou 8 graines.

P. Quadrifolia L. (P. à quatre feuilles, Raisin de Renard, Parisette). Tige simple, terminée par 4 à 6 feuilles, verticillées, sessiles, ovales ; une seule fleur terminale, pédonculée, verte, à divis., intér. linéaires ; baies noires (en M¹ J²) ; viv. : bois couverts ou pierreux couverts.

Asparagus officinalis (Asperge); à feuilles linéaires, en faisceaux de 2 à 5 et à fl. solitaires, axillaires : est cultivé.

Ruscus, Aculeatus, (Petit Houx, Fragon); à feuilles persistantes, terminées par une épine et à fleurs insérées dans le milieu de la surface des feuilles, d'un blanc sale : est quelquefois cultivé.

IRIDÉES.

Fl. hermaph. Périanthe tubuleux à la base, à limbe bifide ou à 6 divisions irrég. et disposées sur 2 rangs. Étam. 3, libres ou soudées par les filcts et attachées à la base des divisions externes. Style 1 ou nul. Stigmate 3. Capsules à 3 loges, à plusieurs semences. Pl. à rhizome horizontal charnu, rarement à racine bulbeuse.

G. *Iris* L.

Pér. rég., à divis. ext^{res} recourbées en dehors, les intérieures plus petites, dressées. Styles courts. Stigmates grands, pétaloïdes.

I. Germanica (I. Germanique, en wallon, *Flouri*). Tige de 40 à 60 cent., multiflore ; feuilles en sabre, moins longues que la tige ; fl. bleu-violet foncé (en M^l J^n) : cultivé et se trouve sur un mur de la Vesdre, devant Fraip. et dans un bois pierreux, à Prayon.

I. Pseudo-Acorus L. (I. Faux-Acore). Tige presque cylind. ; f^es vertes ; fl. jaunes, veinées de noir : fossé à Lontras, près Fraipont et bords de l'Ourthe, commun, et de l'Amblève, plus rare.

I. Pimula L. Tige de 8 à 16 cent., uniflore ; feuilles un peu plus longues que la tige ; tube de la fleur saillant, hors de la spathe ; fleurs d'un bleu grisâtre : talus pierreux, à un des 4 angles du pont dit Aloune Fraip. et murs des terrasses, Fraipont, Nessonvaux, etc.

I. Foëtidissima L. (I. Fétide) ; à fleurs d'un blanc gris, veinées de noir, à div. externes du périgone non barbues à leur base : est cultivé.

AMARYLLIDÉES.

Fl. hermaph. Périanthe pétaloïde, à 6 divis., disposées sur 2 rangs. Étamines 6. Style 1. Stigmate 1, simple ou à 3 lobes. Capsule à 3 loges, à plusieurs graines. Plantes à racines bulbeuses, à feuilles toutes radicales.

G. *Narcissus* L. (Narcisse).

Périanthe à tube long, muni à son entrée d'un godet ou couronne ou d'un tube en cloche. Fl. régulières.

N. Pseudo-Narcissus L. (N. Faux-Narcisse, N. des prés, en wallon *Coue*). Hampe uniflore; feuilles linéaires, planes ou à peu près; fleur jaune, terminale (en A¹ M¹) : prairies humides, bois montueux; devant Fraipont, Gerbo-Fleer, Fraiti-Pepinster, St-Hadelin et bois proche.

N. Poëticus L. (N. des poëtes). Hampe uniflore; couronne beaucoup plus courte que les divisions du périgone; fl. blanches, à couronne bordée de rouge (en Mai) : ancien lit de la Vesdre, entre Fraipont et Trooz, et à bois d'Olne. Rare et cultivé.

G. *Galanthus* L. (Galantine),

Périanthe régulier, à divisions extér. étalées, les intérieur⁬ᵉˢ dressées, plus courtes; étamines à anthères s'ouvrant par une fente longitudinale.

G. Nivalis L. (G. perce-neige). Tige un peu aplatie ; feuilles glauques, linéaires, atteignant la forte moitié de la hampe ; spathe allongée, linéaire, scarieuse sur les bords ; fleurs blanches solitaires (en Mars) ; vivace : prairie à Haute-Fraipont, 6 à 10 touffes, et prairie-verger à Vaux-sous-Olne autant.

ORCHIDÉES.

Fleurs hermaphrodites, irrégulières. Périanthe à tube soudé avec l'ovaire, à 6 divis. pétaloïdes, 3 externes ordinairement unif., 3 internes dont 2 supérieures souvent plus petites et une inférieure plus grande et d'une forme particulière, portant le nom de labelle; quelquefois à la base du périanthe, un cornet plus ou moins long et creux nommé éperon. Etamines 3, à filets soudés en colonne avec le style; 1 ou 2 anthères

10*

sessiles, tantôt au sommet tantôt sur le côté du style souvent en colonne. Stigmate arrondi, situé à la base ou sur le côté du style. Fruit-capsule soudé avec le tube du périanthe, à 1 seule loge à plusieurs semences. Plantes à racines bulbeuses, rarement fibreuses.

G. *Orchis* L (Orchis).

Labelle prolongé en éperon, à 3 lobes plus ou moins profonds, le moyen entier, bilobé ou bifide; sommet du stigmate entier, rétinacles libres renfermés dans une bursicule à 2 loges ; feuilles maculées de taches noires ou non.

O. Morio L. (O. bouffon). Eperon presque aussi long que l'ovaire ascendant; labelle large, à 3 lobes courts, crénelés, le médian à 2 lobes, les latéraux plus longs et réfléchis sur les côtés ou en arrière; f^{es} lanc.-aiguës, courte ; fl. purpurines (en M¹ Jⁿ) : prairies humides.

O. Mascula L. (O. mâle, en wallon *caloe*). F^{es} lancéolées, linéaires, aiguës; périanthe à divisions extérieures, latérales étalées, puis réfléchies; labelle à 3 lobes, le moyen émarginé ou échancré; éperon ascendant ou dirigé horizontalement ; fl. purpurines vives (en Mai) ; vivace : bois, prairies.

O. Maculata L. (O. maculé). F⁰⁰ lancéolées linéaires, aiguës ; labelle à 3 lobes arrondis et prononcés, les latéraux arrondis, crénelés, le médian non saillant, plus étroit et entier ; éperon plus court que l'ovaire ; bulbes palmés ; fl. (en Jⁿ Jᵗ) ; viv. : bruyères et bois humides.

O. Latifolia L. (O. à larges feuilles). Feuill⁰ˢ larges, oblongues, lanc., larges surtout à la base, aiguës ou un peu obtuses ; bractées plus longues que les fleurs, à 3 nervures distinctes ; fl. purp. (en Mⁱ Jⁿ) ; viv. : bois montueux et autres.

G. *Ophrys* L. (Ophrys).

Labelle non prolongé en éperon, pubesc., velouté, marqué de lignes et de taches, entier ou trilobé, à lobe moyen entier, émarginé ou bifide, souvent terminé par un appendice épais, courbé ; ovaire non contourné ; fl. sessiles, en épis lâches.

O. Muscifera Huds. (O. mouche). Tige de 15-20 cent. ; fᵉˢ linéaires, plus étroites que celles des ordres précédents ; labelle à lobe moyen bifide, sans appendice ; fleurs brun-rouge foncé (en Juin) : bois montueux, Co-lonhé-Fraipont. Rare.

G. Gymnadenia Rich. (Gymnadénie).

Labelle large ou linéaire, à 3 dents ou 3 lobes, prolongé en éperon court ou allongé. Périgone ouvert, à divisions supérieures non semblables.

G. Conopsea Rich. (G. moucheron). Feuilles lancéolées-linéaires, éperon grêle, délié, 2 fois plus long que l'ovaire ; fl. purpurines, petites, en épi allongé (en M^i J^n) ; vivace : prairies humides, Haute-Fraipont, Fer-reuse-Louvegnez et Ardenne.

G. Viridis Rich. (G. verte). F^{es} inférieures ovales, les supérieures lancéolées; labelle étroit, à 3 lobes linéaires, les 2 latéraux plus longs; pas d'éperon, un simple renfle-ment ; fl. verdâtres, en épis lâches et un peu allongés (en M^i J^n) : coteaux et mêmes lieux que la précédente.

G. Albida Rich. (G. blanc). F^{es} ov.-lanc., engaîn^{es} ; éperon une fois plus court que l'ovaire ; bractées égalant ou plus courtes que l'ovaire ; labelle aigu, à 3 divisions, la moyenne plus longue, obtuse; fl. très-petites, blanchâtres (en Jⁿ J^t) : bruyères ; indiqué à Haut-Regard. Très-rare.

G. Platanthera R. (Platanthère).

Labelle allongé, linéaire entier, prolongé en éperon très-long. Ovaire contourné ; rétinacles libres, non renfermés dans une bursicule.

P. Bifolia Rich. (P. à 2 feuilles). Tige de 15 à 25 c^{es} ; deux feuilles radicales, grandes, ovales; labelle linéaire, long, obtus; éperon très-allongé, lobes de l'anthère rapprochés et parallèles; fl. bl. petites (en Jⁿ) : bruyères, Fr., Louv., Theux, Sart et Jalhay.

P. Chloranta Cust. (P. verdâtre). Tige de 20 à 30 c^{es} ; f^{es} ovales, grandes, presque ouvertes ; anthères à loges éloignées, divergentes inférieurement ; fl. blanc-verdâtre, plus grandes que celles de l'espèce précédente (en Mⁱ Jⁿ) : bois montueux, calcaires, Fraipont.

G. Cephalanthera R. (Céphalanthère).

Labelle non éperonné, entier ou seulement crénelé, rétréci à sa partie moyenne; ovaire plus ou moins contourné, presque sessile ;

périanthe connivent ; portion inférieure du
labelle à 2 bosses, la supérieure obtuse et
recourbée au sommet.

C. Pallens Rich. (C. pâle). Tige de 30 à 45
centimètres ; feuilles ovales ; bractées plus
longues que l'ovaire ; fl. bl.-jaunâtre, en
épi lâche (en Juin) ; viv. : bois montueux,
coteaux, Colonhé, Trasinster, Coucoumont
et Fraipont.

G. *Epipactis* Rich. (Épipactis).

Labelle non éperonné, rétréci à sa partie
moyenne, à partie terminale entière, la supérieure à 2 bosses saillantes ; ovaire pédicellé, non contourné.

E. Latifolia All. (É. à larges feuilles). Tige
de 30 à 40 c" ; f" inférieures ovales ; labelle
à lobe supérieur aigu, plus court que les
divisions extérieures latérales du périanthe;
ovaire oblong ou oblong presque globuleux;
fleurs verdâtres ou bl.-rosé, penchées,
écartées et disposées en épi lâche, allongé :
bois couverts, Heid-sur-Sougnez, Monjardin,
Jonckeu-Polleur.

E. Atrorubens Hoff. (E. pourpre). Tige
moins haute et plus grêle que la précédente;
labelle égalant les autres divisions ; fleurs

rouges, en épi, petites et peu nombreuses : bois de la Haute-Fraipont.

G. Neottia Rich. (Néottie).

Labelle allongé, bifide, un peu concave à la base, non éperonné ; ovaire pédicellé, non contourné.

N. Ovata Rich. (N. ovale). Tige 15 à 25 c.; feuilles ovales arrondies, au nombre de **2**, opposées vers le milieu de la tige ; labelle plus grand que les autres divisions, pendant, étroit et divisé en 2 lobes linéaires ; fleurs vertes (en $M^i J^n$) : bois ombragés.

N. Nidus-Avis Rich. (N. Nid-d'oiseau. Plante de 15 à 25 cent., jaunâtre, ressemblant à un orobanche. Tige chargée d'écailles jaunâtres au lieu de feuilles. Racine à fibres nombreuses entrelacées en forme de nid d'oiseau. Fl. de la même couleur que la plante (en $M^i J^s$) ; viv. : dans trois endroits, à Colonhé-Fraipont. Rare.

HYDROCHARIDÉES.

Fl. dioïques, renfermées dans une spathe avant la floraison. Périanthe à 6 divis., les 3 extérieures vertes. Ovaire soudé avec le tube du périanthe. Fruit ne s'ouvrant pas, charnu, à loges polyspermes. Plantes aquatiques submergées, nageantes.

G. Hydrocharis L. (Hydrocharis).

Fl. dioïques, les mâles sortant 3 ou 4 ensemble d'une spathe, et ayant chacune un périanthe à 6 div. Etam. 9.

H. Morsus Rhanae L. (H. des grenouilles ou Morrêne). Tige nageante, stolonifère, feuilles pétiolées, orbiculaires, réniformes, et munies à la base de stipules libres, lancéolées ; fl. blanches (en $J^n A^t$) ; viv. : dans un fossé à Magnée.

SUBDIVISION.

Périanthe vert (herbacé) ou scarieux, remplacé par des soies ou des bractées, ou nul.

CLASSE.

Graines dépourvues de périsperme.
Pl. aquatiques.

JONCAGINÉES.

Fl. hermaph. Périanthe régulier à 6 divisions un peu inégales. Étam. 6, à 6 filets très-courts. Stigm. 36, sessiles ou presque, entiers. Capsules ne s'ouvrant pas d'elles-mêmes, à 1 graine ou à 2 valves, et à 2 graines.

G. *Triglochin* L. (Troscart.)

Périanthe à 6 divisions, a caduques, marcescentes. Anthères fixées au filet par leur base. Caps. 3-6 à 1 loge à 1 graine.

T. Palustre. (T. des marais.) Plante ayant le port d'un jonc. Feuilles toutes radicales, linéaires, canaliculées, engaînantes ; fl. petites, en épi long et peu garni, vertes (en J^t A^t) ; viv. : bord du ruisseau dit de Waëz, derrière le hameau de Baneux et à Banouai, Louv.

POTAMÉES.

Périanthe à 4 divis. herbacées ou nulles; ovaire non soudé avec le périanthe, composé de 4 carpelles libres entre eux, à 1 graine ne s'ouvrant pas, à péricarpe drapacé ou coriace; feuilles le plus souvent alternes, submergées ou nageantes, ou les supérieures seules nageantes.

G. Potamogeton L. (Potamot.)

Fl. hermaph. Périanthe à 4 div. Anthères 4, presque sessiles; épis se développant dans l'eau.

P. Natans L. (P. Nageant). Feuilles toutes à longs pétioles, les inférieures se putréfiant après la floraison, ovales-arrondies, ou un peu échancrées à la base ; épi long d'un pouce à un pouce et demi; stipules lancéolées, obtuses ; fl. vertes (en J^t A^t) ; viv. : rivières, fossés.

P. Polygonifolius Pourr. (P. à feuilles de Renouée). Feuilles ovales, aiguës, à nervures obscures, un peu en cœur à la base ; les inférieures pétiolées ou atténuées, en pétiole, oblong. lancéolées ; pédoncules minces, carpelles petits; fl. (en J^n A^t) ; viv.: mares et ruisseaux des bruyères.

P. Rufescens Schrad. (P. roussâtre). F^es rétrécies en pétiole, les supérieures nageantes, oblong. ou oblong-obovales, les inférieures sessiles ; pédoncules non renflés au sommet ; carpelles comprimés, lenticulaires, à bords tranchants (J^a A^t) ; viv. : fossé à Magnée.

P. Crispus L. (P. Crépu). Feuilles sess.,

oblong. étroites, ondulées, crispées, submergées, transparentes ; carpelle terminé
en bec, ensiforme, subulé ; fl. (J^n A^t) ; viv. :
commun dans la Vesdre.

P. Perfoliatum L. (P. Perfolié). Feuilles
sessiles, ovales-lancéolées, un peu en cœur
et un peu embrassantes (J^t A^t) ; viv. : trou-
vées dans un biez de la Vesdre, derrière
l'église de Prayon.

P. Gramineus L. (P. Graminée). Feuilles
linéaires larges, planes, alternes, et munies
d'une nervure longitudinale visible ; fl. en
épis courts (en J^t A^t) : dans un petit fossé
près Beaufays.

P. Densus L. (P. Serré). Feuilles toutes
opposées, ovales-aiguës, entières et un peu
ondulées ; fl. (en J^n J^t) : ruisseau à Vaux,
Ness. et prés Fraip.

P. Pusillus L. (P. Fluet). Feuilles linéaires
très-étroites ; épis 2 ou 3 fois plus courts
que le pédoncule ; fl. (en J^n J^t) : trouvé sans
fleurs, dans le biez de l'usine de Basse-
Fraip. (Vesdre).

LEMNACÉES.

Fl. hermaph. Périanthe remplacé par
une spathe membraneuse. Etam. 1-2; ovaire

libre ; fruit à 1 loge. Plantes flottantes, dépourvues de feuilles ; tiges articulées à articles aplanis, ressemblant à des feuilles qui sortiraient une de l'autre.

G. *Lemna* L. (Lenticule).

Mêmes caractères que ceux de la famille.

L. Trisulca L. (L. à 3 lobes). Feuilles rétrécies en pétiole, lancéolées et soudées 3 ensemble, ce qui forme une croix. Racine unique, simple. Cette plante ne s'élève à la surface de l'eau que pour fleurir ; fl. verdâtres, sortant du bord de la feuille (en M^i J^n) : fossé, prés Fraipont.

L. Polyrrhiza L. (L. à plusieurs racines). Feuilles ou frondes rouges en-dessous, ov.-arrond., portant chacune plusieurs fibres radicales ; fl. (en M^i J^a) : fossés à Hansez, à Olne et sur le bois de Nessonvaux, etc.

L. Minor L. (L. Mineure). Feuilles ou frondes planes en-dessous, d'un vert plus clair que les 2 autres espèces ; fl. (M^i J^n) : fossés, mares.

L. Gibba L. (L. Bossue). Feuill. ou frondes très-convexes et gibbeuses en-dessous ; fl. (en M^i J^n) : fossé à Hansez.

AROIDÉES.

Fl. unisexuelles, monoïques, sans périanthe, sessiles autour d'un axe charnu, simple, et qui est entouré d'une spathe d'une pièce. Ovaire libre. Fruit bacciforme, juteux. Feuilles sagittées ou cordées.

G. *Arum* L. (Gouet).

Spathe roulée en cornet spadice, nu dans sa partie supérieure. Anthères sessiles, placées sur plusieurs rangs, au-dessus du groupe des ovaires. Baie à 1 graine; feuilles hastées-sagittées.

A. Vulgare (G. Pied-de-veau, en wallon *Poupau lolo*), Hampe de 10 à 15 cent., terminée par une spathe ventrue qui renferme un spadice cylind., portant vers le bas des ovaires à stigmate barbu, plus haut des anthères sessiles, et que termine un prolongement nu et claviforme, d'abord d'un blanc jaunâtre, puis d'un pourpre livide, qui sèche et qui tombe à la maturité. Baies rouges, presque arrondies. Feuilles radicales, pétiolées, hastées, sagittées, tachetées de noir ou non ; fl. (en A¹ M¹) : haies, bois.

G. Acorus L. (Acore).

Spathe continuant la tige et semblable aux feuilles. Spadice couvert de fl. hermaph. munies d'un périanthe à 6 divisions membraneuses. Etam. 6, opposées aux divis. du périanthe, à filets linéaires. Capsule ne s'ouvrant pas d'elle-même, à 1-3 graines. Plante croissant aux bords des eaux.

A. Calamus L. (A. odorant). Hampe à une pointe, très-longue, feuillée ; f^{es} linéaires, ensiformes ; spadice latéral ; fl. jaunâtres (en J^n J^t) ; viv. : a été indiqué aux bords des fossés, à Herstal.

TYPHACÉES.

Fleurs unisexuelles monoïques, les mâles et les femelles groupées séparément en épis cylindriques ou en têtes globuleuses; fleurs mâles sans périanthe, réduites à des étamines insérées autour de l'axe, entremêlées de soies ou d'écailles membraneuses, disposées sans ordre ; fl. femelles à périanthe remplacé par des soies ou par trois écailles. Ovaire libre. F^{es} linéaires, en sabre.

G. *Typha* L. (Massette).

Epis cylindriques, Fr. porté sur un pédicelle capillaire muni de soies.

T. Latifolia L. (Quenouilles-rauches). Tige d'environ 1 mètre ; f⁸⁸ planes⁸ ensiformes; épi mâle et épi femelle contigus ou à peine espacés ; fleurs jaunâtres (en Jⁿ Jᵗ) : mares, fossés, près Fraipont, Lontras et à l'île Moncin, Herstal et Jupille.

G. *Sparganium* L. (Rubanier).

Têtes globuleuses. Fr. muni de 3 écailles, sessile.

S. Ramosum Huds. (Ruban d'eau, en wallon *cherdon d'aiwe*). Tige droite, rameuse au sommet ; f⁸⁸ linéaires, triquètres à la base, puis planes; têtes la plupart pédonculées, les mâles nombreux ; fl. jaunâtres (en Jⁿ Aᵗ); viv. : bords de la Vesdre et fossés.

S. Simplex Huds. (R. simple). Tige droite simple ; f⁸⁸ linéaires plus étroites, triquètres à la base, puis planes; têtes sessiles, l'infér. portée quelquefois sur un pédoncule court et simple, les mâles au nombre de 4 ; fleurs jaunâtres (en Jⁿ Aᵗ) ; viv. : bords des eaux, la Vesdre, fossés, etc.

JONCÉES.

Fleurs hermaphrodites, rarement unisexuelles, régulières. Périanthe scarieux, ordinairement brunâtre, à 6 divisions libres, sur 2 rangs. Etamines 6, rarement 3 par avortement, hypogines ou insérées à la base des divisions du périanthe. Style entier, court. Stigmates 3, filiformes, poilus. Fruit à 3 carpelles, à 3 valves, à 3 loges, à loges à plusieurs graines ou à 1 loge à 3 graines. Fleurs petites, solitaires ou en glomérules, souvent disposées en cymes ou en corymbes.

G. Juncus L. (Jonc).

Capsules à 3 loges, à plusieurs semences, s'ouvrant en 3 valves. Feuilles cylindriques ou canaliculées, souvent noueuses, quelquefois réduites à des graines membraneuses.

J. Comglomeratus L. (J. aggloméré). Tiges vertes, à moelle continue, assez robustes, non feuillées, mais munies de graines à la base, d'un brun mat ; fl. en glomérules paraissant latéraux (en J^n J^t) ; bords des eaux, lieux humides.

J. Glaucus Ehr. (J. glauque ou J. des jardiniers). Tiges nues, munies à la base de gaînes d'un brun luisant, glauques ; fleurs paraissant latérales (en J^n J^t) : fossés, mares.

J. Filiformis L. (J. filiforme). Tiges de 20 à 30 c^{es}, munies à la base d'écailles verdâtres ; capsule grêle, nue, cylindrique ; fl. blanchâtres, en panicule latérale, globuleuse, placée au milieu de la tige, à 4-5 fl. (en J^n J^t) : lieux ou l'eau a séjourné l'hiver, à Coquaifange-Sart.

J. Effusus L. (J. effusé). Tiges robustes, à gaîne d'un brun mat ; fleurs en panicule latérale paraissant presque terminale, d'un brun jaunâtre ; capsule terminée par une fossette d'où sort le style ; fl. (en J^n J^t) : marais, lieux humides, etc.

J. Sylvaticus L. (J. des bois). Tiges feuillées, planes à la base ; feuilles demi-cylindriques ; fleurs blanchâtres, en panicules lâches, peu fournies, à divis. extérieures du périanthe plus longues, recourbées, aiguës ; glomérules de 2-12 fl. (en J^n J^t) : dans les fossés et les prairies marécageuses.

J. Lamprocarpus Ehr. (J. à fruit luisant). Tiges plus élevées, panicules plus rameuses ; fl. brunes plus nombreuses ; fr. à 3 angles ; glomérules de 2-12 fl.

J. Pygmæus Thuill. (J. nain). Tiges de 5

?à 12 c⁰ˢ, à 2-3 glomérules de 2 à 12 fl.; divis. du périanthe égales; caps. aiguës (en Jⁿ Jᵗ) : prairies montueuses, submergées en hiver.

J. Supinus Mœnch. (J. couché). Tiges de 7-15 cⁱˢ, couchées, radicantes; fl. en petits glomérules; périanthe égalant la capsule. Glomérules de 2 à 12 fl. : bords des fossés, lieux où l'eau a séjourné l'hiver, ruisseaux.

Joncs à fleurs terminales solitaires, plus ou moins espacées.

J. Squarrosus L. (J. rude). Tiges de 15 à 20 cⁱˢ; fⁱˢ toutes radicales, raides; fleurs brunâtres (en Jⁿ Jᵗ) : bruyères et bois.

J. Bulbosus L. (J. bulbeux). Tige-feuille de 30 à 40 cⁱˢ; capsules plus longues que le périanthe; fl. brunes (en Jⁿ Jᵗ) : fossés à Hansez, à Forêt, etc.

J. Tenageia L. (J. des marécages). Tiges de 10 à 20 cⁱˢ; périanthe à divisions un peu aiguës; fleurs nombreuses (en Jⁿ Jᵗ); ann. : marécages des bois et des bruyères, lieux où l'eau a séjourné l'hiver.

J. Bufonius L. (J. des crapauds). Tiges de 10 à 25 cⁱˢ; périanthe à divisions subulées, inégales; fl. verdâtres (en Jⁿ Jᵗ); ann. : bords des chemins humides.

J. Tenuis Willd. (J. menu). Tiges de 15 à

25 c{os}, longuement nues et simples sous la panicule ; gaînes des feuilles munies de 2 oreillettes ; divisions du périanthe aiguës, dépassant la capsule ; fl. (en J{n} J{t}) : bords des chemins sablonneux, humides, Fraip., Magnée ; rochers dans la Vesdre à Nessonv.

G. *Luzula* DC. (Luzule).

Capsule à 1 loge, à 3 graines, s'ouvrant en 3 valves dépourvues de cloisons ; feuilles planes, ordinairement poilues.

L. Vernalis DC. (L. printanière). Tiges de 15 à 25 c{es} ; fleurs solitaires au sommet des pédoncules, brunes (A{1} M{i}) : bois, coteaux!

L. Albida DC. (L. blanche). Tiges de 20 à 30 c{es} ; fl. réunies en glomérules, formant des panicules à rameaux 3-4 fois divisés; feuilles caulinaires 4-5 ; fl. blanches (M{1} J{n}): bois montueux, Fraipont, etc.

L. Maxima DC. (L. élevée). Tiges de 25 à 40 c{es} ; feuilles caulinaires égalant ou plus courtes que les gaînes ; panicules à rameaux 3-4 fois divisés ; fleurs brunâtres (en A{1} M{i}) : bois montueux.

L. Campestris DC. (L. champêtre). Tiges de 5 à 12 c{es}; panicules à rameaux simples ; épis penchés ; anthère plus longue que le

filet ; fl. brunes en glomérules (en A¹ M¹) :
prairies et coteaux.

CYPÉRACÉES.

Fleurs hermaphrodites, monoïques ou
dioïques ; enveloppes florales consistant en
une écaille ou glume, à 1 valve, à la base
de laquelle se trouve placée chaque fleur
infér., quelquefois vides par avortement.
Étamines 3. Ovaire 1, surmonté d'un style
qui se divise en 2 ou 3 stigmates ; pour fruit
une graine nue ou entourée de soies plus
ou moins longues, quelquefois enfermée
presqu'entièrement dans un urcéole membraneux. Herbes à tiges cylindriques ou
triangulaires, presque toujours dépourvues
de nœuds, à feuilles engaînantes, à gaîne
entière.

I. CARICÉES. — Fleurs monoïques, rarement
dioïques ; épis à écailles imbriquées sur plusieurs rangs. Graine dépourvue de soies à sa
base, renfermée dans une enveloppe particulière, ouverte au sommet pour donner passage
aux stigmates.

G. Carex L. (Laiche).

Fleurs en épis ou en épillets unisexuels

ou androgynes. Ovaire renfermé dans une enveloppe particulière ; utricule s'accroissant avec l'ovaire et se détachant avec le fruit.

Carex à épillet solitaire au sommet de la tige, 2 stigmates.

C. Pulicaris L. (L. puce). Un épillet solitaire, androgyne; les fl. mâles au sommet; tiges presque arrondies ; f^{es} sétacées, canaliculées; fl. (en M^i J^n); viv. : bois et prairies tourbeuses.

C. Pauciflora L. (C. pauciflore). Un épillet terminal solitaire, androgyne, blanchâtre, à 3-4 fleurs, la supérieure mâle; fl. (en M^i J^t); viv. : est indiqué.

Carex à plusieurs des épillets unisexuels.

C. Disticha Huds. (L. dioïque). Tiges triangulaires, de 25 à 35 c^{es} ; f^{es} linéaires, planes ; épillets inférieurs et supérieurs femelles, les intermédiaires mâles, alternes, nombreux, rapprochés en épis ; utricules à bordures étroites (en M^i J^n) : lieux humides.

**Carex à épillets mâles au sommet, femelles à
la base.**

°C. Vulpina L. (L. vulpin). Tiges épaisses,
à angles aigus et rudes, à face excavée ;
fᵉˢ linéaires, élargies; épillets en épi oblong,
obtus, serré et souvent moins serré à la
base ; capsules obl. triang. et très-divergentes (en Mᵗ Jⁿ) ; viv. : lieux marécageux.

C. Muricata L. (L. rude). Huit à dix épillets
ovales, rapprochés ; tiges triangulaires ;
fᵉˢ linéaires planes ; utricules divergents
(en Mᵗ Jᵗ) : lieux herbeux.

C. Paniculata L. (L. paniculée). Souche
cespiteuse ; épillets disposés en panicule
plus ou moins lâche ; utricules plans d'un
côté, convexes de l'autre et non striés;
écailles brunes, largement blanchâtres aux
bords (Mᵗ Jⁿ) : lieux tourbeux, dans l'ancien
lit de la Vesdre près Fraipont.

**Carex à épillets femelles au sommet, les mâles
à la base.**

†C. Ovalis Good. (L. ovale). Tige de 20 à
40 cᵉˢ, presque triangulaire ; fᵉˢ linéaires;
4 à 6 épillets sessiles, ovoïdes, munis d'une
bractée courte ; utricules comprimés, aux

bords en une large bordure membraneuse, denticulée (A¹ M¹) : viv. : lieux herbeux humides, bois.

C. Stellulata Good. (L. étoilée). Chaumes presque trigones, de 15 à 40 c.; f^es linéaires; 3 à 5 épillets espacés, surtout les supérieurs, globuleux ; utricules étalés en étoile (A¹ M¹) : lieux tourbeux.

C. Remota L. (L. espacée). Tiges de 30 à 50 c^es ; f^es linéaires; 5 à 7 épillets, les infér^s munis de bractées plus longues que la tige (en M¹ J^n) : endroits humides ombragés.

C. Elongata L. (L. allongée). Tige de 40 à 60 c^es ; f^es linéaires ; 6 à 11 épillets, étalés à la maturité (M¹ J^n): lieux ombragés, humides.

C. Cannescens L. Tige de 40 à 60 centim.; feuilles linéaires ; utricules ovales, blanchâtres, terminés par un bec dressé (M¹ J^n) : marais tourbeux, Haute-Fraipont.

Carex à épillets unisexuels, les terminaux mâles, les inférieurs femelles.

C. Cæspitosa L. (L. en gazon). Souche cespiteuse formant des touffes compactes ; tiges de 30 à 60 c^es, robustes ; f^es sétacées plus courtes que la tige ; bractée inférieure étroite, dépassant à peine l'épi femelle inf^r;

2-3 épis femelles rapprochés, arrondis ; 2
stigm. (en M¹ J^n) : lieux marécageux.

Carex à 3 stigmates.

C. Pilulifera L. (L. à pilules). Souche
cespiteuse, tige de 30 à 40 c^m ; bractées
non engaînantes, l'inférieure entièrement
foliacée ; utricules pubescents ; écailles
ovales-aiguës : prairies humides.

C. Præcox Jacq. (L. précoce). Tiges de 10
à 20 c^m ; feuilles raides ; 1 épi mâle, 2-3 épis
femelles ovoïdes, oblongs, rapprochés ;
bractée inférieure engaînante ; utricules
nombreux (M^rs M¹) : lieux arides.

C. Digitata L. (L. digitée). Tige de 15 à
25 c^m, presque ronde ; f^es raides, gazonnantes ;
1 épi mâle, 3-4 épis femelles, linéaires,
oblongs, lâches, le supérieur dépassant l'épi
mâle (M¹ J^n) : bois montueux.

Carex à utricules glabres, rarement hispides sur les angles.

C. Glauca Scop. (L. glauque). Tige de 30
à 40 c. ; f^es étroites, glauques ; 2-3 épis mâles
terminaux, l'inférieur plus grêle, 2-3 épis
femelles, pédonculés, cylindriques, à la fin
penchés (M¹ J^n) : bois, pelouses, prés.

C. Maxima L. (L. élevée). Tiges hautes ; feuilles larges ; épi mâle solitaire, 4-6 épis femelles longs, pendants à la maturité (M^i J^n): ruisseaux des bois, Rive, Fraipont, Goff., Fraiti, Pepinster, entre Remouchamps et Nanceveux.

C. Panicea L. (L. panique). Tige de 35 à 50 c^{es} ; feuilles fermes, glauques ; bractées foliac.; épi mâle solitaire, épis femelles 2-3, dressés, cylindriques, non luisants (M^i J^n) : prairies humides.

C. Pallescens L. (L. pâle). Tige de 30 à 50 cent. ; feuilles un peu pubescentes ; bractées foliacées; épi mâle petit, jaunâtre, épis femelles 2-3, ovoïdes, pédonculés, penchés ; utricules verts, ovoïdes, renflés, luisants (M^i J^n) : pâturages ombragés.

Carex à utricules terminés par un bec aplani, bifide au sommet, dents du bec non divariqués; épi mâle ordinairement solitaire.

C. Flava L. (L. jaune). Tige de 15 à 25 c^{es}; feuilles linéaires ; épi mâle jaunâtre, petit, distant de 2-3 c^{es} des épis femelles, qui sont au nombre de 2-3; utricules étalés, obov. ; écailles aiguës (M^i J^n) : bois et prés humides.

C. Bilugaris DC. (L. lisse). Tige haute ;

fᵉˢ des fascicules très-élargies ; bractées dressées ; épis femelles verdâtres ; écailles, d'un brun clair, ovales, lancéolées, longuement cuspidées (Mⁱ Jⁿ) : lieux couverts des terrains tourbeux, Sart, Francorchamps.

C. Sylvatica Huds. (L. des bois). Tige de 30 à 50 cᵉˢ ; épis femelles 4-5, à fleurs lâches, pendants ; utricule terminé par un bec linéaire, allongé (Mⁱ Jⁱ) : bois humides.

C. Œderi Ehr. (L. d'Œder). Tiges de 20 à 30 cᵉˢ ; feuilles linéaires ; épi mâle petit, épis femelles globuleux, verdâtres ; utricules petits, à bec droit (Mⁱ Jⁿ) : bruyères et lieux humides.

Carex à utricules terminés par un bec cylindrique ou comprimé, divisé en deux pointes divergentes, ordinairement plusieurs épis mâles.

C. Ampullacea L. (L. à ampoules). Tige de 40 à 70 cᵉˢ, à angles obtus, lisses ; feuilles d'un vert jaunâtre, linéaires, étroites, canaliculées ; épis mâles 2-3, à écailles jaunâtres ; utricules renflés, jaunâtres, presque globuleux (Mⁱ Jⁿ) : bords des étangs, à Doux-Fonds-Cornesse.

C. Vesicaria L. (L. à vessie). Tiges de 40

à 60 c^{es}, à angles aigus, scabres ; épis mâles, à écailles jaunâtres ; utricules jaunâtres, ovales, côniques, renflés (M^i J^n) : endroits marécageux.

C. Riparia Curt. (C. des Rives). Tige forte, de 60 cent. à 1 mètre ; épis mâles 3-5, à écailles brunes, cuspidées ; utricules oval.-côniques, convexes des 2 côtés (M^i J^n) : bords de l'Ourthe, surtout vers Poulseur. Rare.

C. Hirta L. (C. Velu). Tige de 30 à 40 c. ; feuilles pubescentes à la base ; bractée inf^{re} longuement engaînante ; utricules velus (M^i J^n) : lieux ombragés, humides.

SCIRPÉES. — Fl. hermaph. Épillets à écailles souvent inégales, imbriq. sur plusieurs rangs, les inférieures souvent stériles. Graine ou akène munie à sa base ou non de soies plus ou moins longues, ordinairement au nombre de 6, quelquefois nombreuses.

G. Rhynchospora Vahl. (Rhynchospore).

Épillets à 2-3 fleurs, à écailles inférieures plus petites que les supérieures. Fruit couronné par la base du style renflée et persistante.

R. Alba Vahl. (R. blanc). Tige de 30 cent.

environ ; feuilles linéaires; épillets blanch.;
glomérules de fl. munis de bractées foliacées, qui les dépassent ou les égalent. Soies
10-13, à denticules dirigés en bas (Jⁿ Aᵗ) :
bords des ruiss., des tourbières, à Hockaï.

G. *Heleocharis*. R. Br.

Épillets à écailles infér. plus grandes.
Fruit entouré à sa base de soies plus courtes
que les écailles, au nombre de 6, rarement
dépourvu de soies, couronné par la base du
style renflée. Épillets solitaires au sommet.

H. Palustris. R. Br. Chaume fistuleux, de
30 à 45 cent., arrondi, muni à la base d'une
écaille engaînante ; épillet à fleurs nombreuses, à écailles inférieures stériles,
n'embrassant chacune que la moitié de la
base de l'épillet ; stigmates au nombre de 2
(Mai Jⁿ) : bords de la Vesdre, fossés, etc.

H. Ovata. Br. (S. Ovale). Chaume de 40 à
60 cent., d'un vert un peu moins foncé que
les précédentes et plus mou; épillet ovoïde;
écailles obtuses ; stigm. 2 ; akène un peu
comprimé (Jⁿ Aᵗ) : bords du ruisseau, à Ba-
neuai, Louv.

G. *Scirpus* L. (Scirpe).

Épillets à écailles infér. plus grandes.

Akène entouré à sa base de 6 soies plus courtes que les écailles ou dépourvu de soies, mucroné par la base du style ou non mucroné. Épillets solitaires au sommet ou plus ou moins nombreux.

S. Cœspitosus L. (S. en gazon). Tige de 30 à 40 cent., sans feuilles ; gaîne de la base de la tige terminée par une pointe foliacée ; épillet terminal solitaire (en J^t Sept.) : bruyères, Hockai, Spa, Sart, etc.

S. à fleurs latérales : épillets nombreux ou 2 à 5.

S. Setaceus L. (S. en alène). Chaume de 5 à 15 c^{es}, grêle ; épillets 2-3 vers les 3/4 du chaume, presque globuleux : prairies tourbeuses, Haute-Fraipont, Louveignez.

S. Lacustris L. (Jonc des tonneliers). Tige de 1 à 2 mètres, compressible, arrondie ; épillets ovoïdes, réunis par 2-4, munis de bractées (M^i J^t) : fossés à l'île Monçin et Herstal.

S. à fleurs terminales jamais latérales : épillets nombreux, en panicule simple ou rameuse ; inv. à f^{es} planes.

S. Maritimus L. (S. Maritime). Tige de 1 à 2 mètres, à 3 angles ; épillets brunâtres à pédoncules triquètres, simples ; écailles échancrées (en J^t S^re) ; fossés à l'île Moncin, Herstal et Beaufays, etc.

S. à épis à épillets nombreux.

S. Compressus Pers. (S. Comprimée). Tige triangulaire, de 30 cent. environ ; épi terminal comprimé, distique ; écailles brunâtres, oblong.-lancéolées (J^n A^t) : lieux herbeux, marécageux, à l'île de Waëz, derrière le hameau de Baneux-Louveignez.

S. Sylvaticus L. (S. des bois.) Fl. en corymbe terminal, à rameaux inégaux, terminés par des corymbes secondaires très-rameux ; écailles obtuses ou aiguës ; épillets grisâtres (en J^n J^t) : fossés, etc.

G. *Eriophorum* L. (Linaigrette).

Akène muni à la base de soies dépassant de beaucoup les écailles de l'épillet.

E. Vaginatum L. (L. engaînée). Tige de 30 à 50 cent., feuillée, ne portant qu'un seul épi, ovoïde, sans spathe (en M^i J^n) : tourbières, bruyères humides, Hockai, etc.

E. latifolium Hop. (L. à larges feuilles)! Tige de 30 à 40 cent. ; feuilles presque planes, plus larges que l'espèce suivante, trigones au sommet ; épis à la fin penchés.

E. Angustifolium Roth. (L. à feuilles

étroites). F^{es} en gouttières à la base, trigones au sommet : marais.

GRAMINÉES.

Plantes herbacées, à chaume cylindriq.,
noueux. Feuilles engaînantes. Fl. herbacées, composées de bractées et de paillettes et disposées en épi simple, en grappe
ou en panicule rameuse. Etam 3 ; anthères
à lobes linéaires, libres. Ovaire à 1 loge.
Styles 2, allongés ou presque nuls. Stigm.
2, rarement 1-3. Fruit sec, monosperme,
nommé coryopse.

**PANIKÉES. — Epillets comprimés d'un côté,
contenant une seule fleur. Styles longs. Stigmate sortant au-dessous du sommet des glumelles.**

G. *Digitaria* Scop. (Digitaire).

Panicule simple, digitée.
D. Sanguinalis Scop. (Digitaire sanguine).
Feuilles courtes, assez larges, plus ou
moins velues, ainsi que les gaines ; épillets 5 à 10 ; glume supérieure moitié plus
courte que l'épillet (J^t A^t) : jardin à Fröil-
heid.

D. Filiformis K. (D. filiforme). Feuilles **un** peu plus étroites, glabres ; glume supérieure égalant l'épillet ; épillets 5 à 8 (en A^t S^{re}) : lieux cultivés, à Haute-Fraipont.

G. Panicum L. (Panique).

Fl. fertile, accompagnée d'une fl. stérile, à glumelles inégales, dont la plus grande ressemble à une 3me glume. Epillets non munis de soies à la base, en panicule rameuse ou en grappe terminale.

P. Crus Galli. (Pied-de-coq). Feuilles linéaires, larges, planes, glabres ; ligule indistincte ; épis nombreux, rapprochés en grappe terminale ; glumes inégales, la sup. accuminée (J^t S^{re}) : jardins à H^{te}-Fraipont, graviers de la Vesdre, etc.

G. Setaria Beauv. (Sétairé).

Epillets comprimés par le dos, à 1 fleur hermaphrodite et une fleur stérile entourée à la base de soies scabres. Glumes mutiques très-inégales. Glumelles de la fleur stérile mutiques, la supérieure plus petite, souvent presque nulle. Glumelles de la fleur herm.

coriaces, mutiques. Epillets en épis cylind. compacts.

S. Viridis P. B. (S. verte). Soies des involucres vertes, à denticules dirigées de bas en haut ; glumelles de la fleur hermaphr. presque lisses (J' Sept.) : moissons, champs.

S. Glauca Beauv. (S. glauque). Soies de l'involucre d'un jaune rougeâtre, dirigées en haut ; glumelles ridées (J' Sept.) : mêmes lieux.

G. Baldingera Wett. (Baldingère).

Epillets comprimés par le côté ; glumes presque égales ; fl. hermaphr. munie à sa base de deux glumelles en formes d'écaillés courtes et ciliées ; épillets disposés en panicule rameuse.

B. Colorata Wett. (B. colorée). Tige robuste, élevée ; f^es larges et longues ; épillets panachés de violet et de vert (J^n J't) : bords des eaux, la Vesdre, etc.

G. Alopecurus L. (Vulpin).

Glumes à une fleur, à 2 valves ; corolle à 2 valves, dont une aristée à la base ; fleurs en épis.

11*

A. Pratensis L. (V. des prés). Charmes de 30 à 60 cent., droits, presque nus ; feuilles caulinaires, accuminées, un peu courtes, glabres ; fl. en épis cylind. (M¹ J¹) : prairies.

A. Bulbosus L. (V. bulbeux). Tige renflée en bulbe à la base, un peu coudée à la base ; arêtes une ou deux fois plus longues que les valves (Jⁿ J¹) : lieux humides, Fraipont.

A. Geniculatus L. (V. genouillé). Tiges couchées, genouillées dans leur partie infér. et souvent radicantes ; glumes soudées seulement à la base (M¹ A¹) : fossés, bords des mares.

A. Agrestis L. (V. agreste). Tiges de 30 à 40 c. ; feuilles assez larges ; épi grêle, serré, allongé (en M¹ A¹) : champs, moissons.

G. *Phleum* L. (Fléole).

Epillets à une fleur, comprimés par le côté ; glumes égales, tronquées, accuminées, à pointe souvent prolongée en arête courte ; Glumelles 2, ordinairemᵗ mutiques ; épillets nombreux, disposés en épis cylindriques.

P. Pratense L. (Fl. des prés). Tiges de 40 à 60 cᵐ ; épillets sessiles sur l'axe de l'épi (en Jⁿ J¹) : prairies.

P. Bœhmeri W. (Fl. de Bœhmer). Tige de

40 à 60 c^{es}, un peu plus grêle que la précédente ; glumes brusquement rétrécies au
sommet (en Jⁿ J^t) : lieux pierreux au bord
de la Vesdre, à Haute-Fraipont et à Steppe-
Fraipont.

G. *Agrostis* L. (Agrostide).

Epillets à une fleur ; glumes presque
égales, mutiques ; glumelles 2 ou 1, l'infér.
aristée sur le dos, rarement sans arête ;
panicule rameuse.

A. Vulgaris L. (Ag. vulgaire). Tige de 50
à 80 c^{es} ; f^{es} planes, étroites ; panicule lâche,
à rameaux étalés (Jⁿ J^t) : prairies, bois, etc.

A. Alba L. (A. blanche). Tige de 30 à 50 c.,
simple, à base rampante ; feuilles planes ;
panicule lâche, à fleurs blanchâtres (Jⁿ à A^t) :
prairies humides.

G. *Calamagrostris* Adans. (Calamagrostide.)

Epil. à 1 fl. avec ou sans le rudiment
d'une 2me ; glumes mutiques, presque égales,
dépassant la fleur ; glumelles entourées à
leur base de poils plus ou moins longs,
l'infér. aristée sur le dos ou au sommet ;
épillets disposés en panicule rameuse.

C. Epigeios Roth. (C. Terrestre). Tige de plus d'un mètre ; glumelle infér., portant sur le dos une arête égalant les poils qui égalent environ les glumes (en J^n) : pelouses entre Remouch*. et Haut-Regard.

C. Lanceolata Roth. (C. Lancéolée). Tige de plus d'un mètre ; feuilles plus larges ; glumelle inférieure portant au sommet une arête très-petite; poils égalant environ les glumes ; panic. lâche, diffuse (J^n J^t) : fossés, marais, étangs.

G. *Milium* L. (Millet).

Glume à 2 valves, uniflore, ventrue ; corolle à 2 valves, plus courte que la glume ; épillets en panicule rameuse.

M. Effusum L. (Millet étalé). Tige d'un mètre et plus ; feuilles larges, scabres sur les bords ; épis très-larges, étalés, puis à la fin réfléchis (en M^i J^n) : bois montueux, H^{te}-Fraipont, etc.

G. *Sesleria* Ard. (Seslérie).

Epillets à 2-6 fl. hermaph. comprimées par le côté ; glumes mucronées ou mutiq., presque égales ; glumelles infér. dentées, mucronées ou aristées ; épill. sessiles **en** épi compact, ovoïde ou oblong.

S. Caerula Ard. (S. bleue). Tige de 30 c^m environ ; feuilles obtuses, mucronées ; **épi** bleuâtre (en M^l J^n) : rochers et coteaux calcaires, dans la vallée de l'Ourthe, surtout vers Comblain.

G. *Aira* L. (Canche).

Glume à 2 valves à 2 fleurs ; corol. à **2** valves ; épill. à 2-3 ; fl. hermaph., aristées ; panicules rameuses.

A. Caespitosa L. (C. en gazon.) Tiges dressées, hautes, à feuilles longues ; pétales velus ; panicule allongée (J^n J^t) : bois, prairies, Fraip., etc.

A. Flexuosa L. (C. flexueuse). Tige de 40 à 60 cent., dressée ; feuilles capillaires ; panicule étalée ; fl. à arête saillante (J^n J^t) : bois montueux.

A. Discolor Thuill. (C. Discolore). Tige haute ; feuilles très-rudes de haut en bas ; pédicelle de la fl. sup., une fois plus courte qu'elle (M^l J^n) : marais tourbeux, bruyères humides, Fraip., Louv.. etc.

G. *Avena* L. (Avoine).

Epillets à 2-5 fl^{rs} hermaph. ; glumes mutiques, presque égales ou l'inférieure plus courte ; glumelle infér. bifïde, munie sur le dos ou vers sa base d'une arète genouillée vers sa moitié. Epill. en panicules rameuses.

A. Pubescens L. (A. Pubescente). Tige haute de 60 cent. à 1 mètre ; feuilles assez larges, pubesc. ; épill. à 3 fl., jamais pendantes, disposés en panicule (Jⁿ J^t) : coteaux et lieux pierreux.

A. Flavescens L. (A. Jaunâtre). Tige de 40 à 60 cent.; feuilles pubesc., molles ; panicule à épillets jaunâtres à 3 fl. petites, aristées (en Jⁿ J^t) : prairies, etc.

A. Caryophillea Wigg. (A. Caryophillée.) Tige de 12 à 18 cent. ; panicule très-étalée. à pédoncules allongés ; épillets très petits, jamais pendants (en Jⁿ J^t); champs, bruyères.

A. Praecox P.-B. (A. Précoce.) Tige de 6 à 12 cent. ; épillets très-petits ; panicule en forme d'épis à pédoncules très-courts (en Jⁿ J^t) : pelouses, coteaux, bords des bois secs.

A. Sativa L. (A. cultivée). Est cultivée en grand.

G. Danthonia DC. (Danthonie).

Epillets à 2-6 fl. herm. ; glumes égales, égalant ou plus longues que les fleurs ; glumelle infér⁰ à 2 dents et munie d'une arête, courte entre les dents, aplanie en forme de mucron ou de den·s ; épill. en panicule.

D. Decumbens DC. (D. Décombante). Tiges de 30 cent. environ ; épillets 1-2, sur des pédoncules dressés (en Jⁿ Jᵗ) : bois, champs.

G. *Kœleria* Pers. (Kœlérie).

Epill. à 2-5 fl. hermaph. ; glumes égalant presque les fleurs ; glumelle inférieure mutique ou terminée par une arête courte ; épill. petits, nombreux, en épi compact, en forme d'épis lobés.

K. Cristata Pers. (K. à Crête). Tige de 40 à 60 cent. couverte de gaînes desséchées à la base; sur la souche fleur en panic., en épi lobé, crénelé (en Jⁿ Jᵗ) : lieux pierreux, coteaux.

G. *Holcus* L. (Houlque).

Glume à 2 fl., la supérᵉ mâle, mutique, l'autre hermaph.; une des valves aristée au dessous du sommet, à arête genouillée **ou** flexueuse ; épill. en panic. rameuse.

H. Lanatus L. (H. Laineuse). Tige de **45** à 60 cent. ; feuilles molles, pubescentes, laineuses sur la gaîne ; panicule peu étalée ; arête égalant les glumes (en J^n J^t) : prairies.

H. Mollis L. (H. Molle). Tige de 40 à 60 **c.**; feuilles larges, un peu rudes sur les bords; arête genouillée, dépassant les glumes (J^n J^t): moissons.

G. *Phragmites* Trin. (Phragmite).

Épill. à 3-7 fl , l'inférieure mâle, les autres hermaph., munies de longs poils soyeux **à** la base ; glumes inégales, mutiques ; glumelle infér. subulée; épillets nombreux, en panicule étalée.

P. Communis Trin. (P. Commun ou **Roseau**). Tige très-élevée; feuilles larges ; épillets violacés (A^t Sept.) : prés marécageux, fossés, Val-Benoit, Theux, Juslenville.

G. *Cynosurus*. L. (Cynosure).

Epillets à 2-5 fleurs ; corolle à 2 **valves**, dont l'une entière et l'autre à 2 dents, aristée entre les dents.

C. Cristalus L. (Crételle des prés, en wallon *Quauré*). Tiges de 35 à 55 cent.; feuilles glabres ; bractées pinnatifides ; épi allongé; épillets sessiles ; glumelles stériles, mucronées (J[n] Juillet) : prairies.

G. *Mélica* L. (Mélique).

Glume à 2 valves ; périanthe à 2 valves, renfermant 2 fleurs et le rudiment d'une troisième ; épillets en panicule rameuse ou en grappe spiciforme.

M. Uniflora Retz. (M. uniflore). Tiges de 30 à 40 c[es], glabres ; f[es] planes, assez larges; gaînes munies d'un appendice membraneux; pédicelles uniflores ; glumes brunâtres (M[i] J[n]) : bois.

M. Nutans L. (M. penchée). Tige de 35 à 55 cent. ; feuilles planes ; épill. penchés, en grappes ; fl. fertiles 2 (M[i] J[n]) : bois montueux, rochers couverts, l'Eftai, le Charneux, etc., Fraip., Ninane, Chaudfontaine.

G. *Molinia* Moench. (Molinie).

Epill. à 2-5 fl. hermaph.; glumes mutiques, inég., plus courtes que l'épillet ; glumelle inférieure concave, atténuée en cône, aiguë, mucronée : épillets en panic. rameuse.

M. Coerula Moench. (M. bleue). Tige de 75 cent. à 1 mètre, ferme, dressée ; feuilles longues, glabres, accuminées ; panicule longue, rapprochée ; épill. cylind., bleuât. (Jⁿ Juillet) : bois et bruyères.

G. Glyceria R. Br. (Glycérie).

Épillets à 3-11 fl. hermaphrodites; glumes très-inég., obtuses ou aiguës, plus courtes que les fleurs ; glumelles glabres à la base, l'inférieure arrondie sur le dos, obtuse ou tronquée, rarement un peu mucronée ; épillets en panicule rameuse.

G. Fluitans R. Br. (G. flottante). Tiges flottantes et molles ; feuilles embrassantes ; panicule en épi ; épillets espacés, allongés, sans arêtes (Jⁿ Aᵗ) : fossés, etc.

G. Aquatica Whlbg. (G. aquatique). Tige de 1 mètre ; feuilles larges ; épillets très-nombreux, courts ; panicule à pédoncules nus à la base ; fl. (en Jⁿ Jᵗ) : fossés, entre Henri-Chapelle et Herbestal.

G. Briza L. (Brise).

Épillets à 2-12 fl, herm., étalées ; glumes

presque égales, plus courtes que l'épillet ; glumelle infér. concave, presque orbicul., en cœur à la base, arrondie au sommet ; épillets ovales, triang., à la base large, en panicule rameuse.

B. Média L. (B. moyenne, en wallon *hilette*). Tiges de 30 à 45 c.; feuilles glabres ; épillets mobiles, penchés, à pédoncules grêles, flexueux ; fl. (M^i J^t) : coteaux et bois secs.

G. *Poa* L. (Paturin).

Epillets à 2-8 fl. herm. ; glumes presque égales, plus courtes que l'épillet ; glumelle intérieure carénée, mutique, aiguë, munie à la base de poils laineux qui semblent réunir les fl. ; épillets en panic. rameuse.

P. Annua L. (P. annuel). Chaumes comprimés ; feuilles molles ; panicule molle, à épillet de 3-5 fl., à pédoncules à angles droits ; ligule assez allongée ; fl. (M^i J^t) : partout.

P. Bulbosa L. (P. bulbeux). Tige de 40 à 60 c., renflée, en bulbe à la base ; ligule assez allongée ; panicule à pédoncules dressés (en J^n J^t) : pelouses, vieux murs, lieux secs.

P. Nemoralis L. (P. des forêts). Tige de 40 à 60 c^{es}, grêle ; f^{es} supér. très-longues, étroites ; gaînes lisses ; ligule courte, tronquée ; fl. petites (Jⁿ J^t) : endroits couverts.

P. Serotina Ehr. (P. tardif). Tiges élevées ; panicules à pédoncules dressés ; ligule assez allongée ; gaîne lisse ; glume inférieure à 3 nervures (en Jⁿ J^t) : bords des eaux.

P. Sudetica Haenke (P. Silésie). Tige de 40 à 60 c^{es} ; feuilles larges ; ligule courte, tronquée ; gaînes des f^{es} rudes (en Jⁿ J^t) : bois frais, à Goffontaine.

P. Trivialis L. (P. commun). Tiges cylind., de 40 à 60 c^{es} ; f^{es} scabres, planes ; ligule longue ; épillets ovoïdes, à 3-4 fl. (Mⁱ J^t) : prairies, lieux cultivés.

P. Compressa L. (P. comprimé). Tiges de 30 à 40 c^{es}, aplaties ; f^{es} étroites ; panicule resserrée, unilatérale, à épillets de 6 fleurs. Gaînes aplaties (Jⁿ A^t) : lieux pierreux, murs.

P. Pratensis L. (P. des prés). Tiges de 35 à 60 c^{es}, rameuses à la base, arrondies ; f^{es} un peu larges ; panicule étalée, à épillets ovoïdes, à 3-4 fleurs. Ligule courte (Mⁱ J^t) : prairies, etc.

G. *Dactylis* L. (Dactyle).

Ꮐ lume comprimée, à 2 valves inégales ;

épillets à 2-5 ; fl. hermaph., agglomérées sur des pédoncules disposés en panicule tournée d'un côté de l'axe.

D. Glomerata L. (D. aggloméré). Tige coudée à la base, de 70 à 90 cent.; f^es planes, rudes : panic. en épil. serrés (en J^n J^t) : pelouses, bords des chemins, prairies.

G. Bromus L. (Brome).

Epill. à 3-20 fl.; glumes inégales, aiguës ou aristées, plus courtes que l'épillet ; glumelle intér. concave, arrondie ou carénée, bidentée ou bifide au sommet, aristée en-dessous du sommet ou vers le sommet, rarement mutique. Ovaire velu au sommet ; épillets disposés en panicule pédonculée.

B. Arvensis L. (B. des Champs). Tiges glabres, de 60 à 80 cent. ; feuilles velues sur la face supérieure ; épillets à 7 9 fl. à rameaux étalés (J^n J^t) : coteaux, moissons, vers Remouchamps.

B. Mollis L. (B. Mou). Tige de 40 à 70 c^es; feuilles velues aux gaînes ; épill. velus : panic. à rameaux courts, raides (J^n J^t) : coteaux, lieux herbeux.

B. Racemosus L. (B. à grappe.) Tige de

50 à 70 cent. ; feuilles larges ; panic. à rameaux grêles, flexibles ; épill. ordin[t] glabres (M[i] J[t]) : prairies, etc.

B. Secalinus L. (B. des seigles.) Tige de 1 mètre et plus ; glumelle infér., aristée ; épill. petits, à fl. courtes, glabres, comprimées, à 7-10 fl. (J[n] J[t]) : moissons.

B. Grossus D, C. (B. Gros). Tige de 1 mèt. et plus ; glumelle infér., terminée par une arête ; épillets gros ; caryopse ou fruit entièrement caché (en J[n] J[t]) : moissons.

Cette espèce offre 2 variétés : B. Nitidus Dmrt. (nue) et B. Velutinus Scrad. (velue) : moissons. Ces 4 derniers, en wallon se nomment *Drauhe*.

B. Tectorum L. (B. des toits). Tige de 30 à 60 cent. ; panic. à pédoncules pubescents, penchés et recourbés au sommet ; épillets assez petits, élargis au sommet ; arêtes longues (en J[n] J[t]) : sur les vieux murs, à Theux.

B. Stérilis L. (B. Stérile). Tige de 60 à 80 cent. ; panic. à pédonc. rudes, dressés ou étalés ; épill. grands, élargis au sommet ; arêtes arrivant toutes au même niveau (J[n] J[t]) : lieux incultes, etc.

B. Asper Murr. (B. Rude). Tiges très-

Hautes ; feuilles larges, planes ; panicule étalée, penchée ; épill. à fl. long^t pédicellées, oblongs (J^n J^t) : bois.

B. Erectus Huds. (B. Dressé). Tige de 40 à 70 cent. ; feuilles étroites, enroulées ; panicule dressée, à épill. assez longuement pédicellés (J^n J^t) : lieux secs, pierreux, prés Hansez.

B. Inermis Leys. (B. sans arête). Tige de 40 à 60 cent. ; feuilles à gaînes glabres ou presque. Racine rampante ; épill. violacés; arête nulle ou très-courte (en J^n J^t) : lieux incultes, maigres, pierreux, calcaires, à Le Charneux, Fraip.

G. *Festuca* L. (Fétuque).

Epill. 2-12 fl. hermaph.; glumes presque égales ou inégales, l'inférieure petite ou non visible, plus courtes que l'épillet, glumelle inférieure concave ou carenée, aiguë, prolongée en arête, rarement mutique ; épill. pédicellés, en padicule rameuse ou en épi grêle.

F. Tenuiflora Sch. (Fétuque à fl. menues). Tige de 20 à 30 cent., grêle ; épillets solitaires, à pédicelles très-courts, en épi simple ; arête nulle (en J^n J^t): bois montueux, secs, ombragés, Haute Fraipont, etc.

F. Sciuroïdes Roth. (F. queue d'écureuil). Tige de 20 à 30 cent. ; panic. courte, éloignée de la feuille supérieure, à pédonc., à 1-3 épill. petits ; arête plus longue que la glum., sup. (en J^n) : mêmes lieux.

F. Pseudo-myuros Soy-W. (F. queue-de-rat). Tiges de 20 à 30 cent. ; panic. allongée, embrassée à la base par la feuille supér. engaîn., à pédonc. à plusieurs épillets (J^n J^t): lieux arides, pelouses, Hansez, Froiheid.

F. Rubra L. (F. rouge.) Tiges de 50 à 75 cent., cylind. et dressées ; feuilles pliées ou enroulées ; racines traçantes ; épill. en panic. dressée, assez lâches (en J^n J^t) : coteaux herbeux, lieux arides, H^{te}-Fraipont, Theux, etc.

F. Heterophylla Lam. (F. Hétérophylle). Tiges de 60 à 75 c^{es} ; f^{es} inférieures glabres, longues, capillaires, les supérieures planes assez larges ; panicule penchée, à épillets scabres, à 4 fleurs (J^n J^t) : bois montueux.

F. Duriuscula L. (F. dure). Tige de 30 à 60 c^{es} ; f^{es} courtes, sétacées, enroulées, pubesc. en dedans ; panicule serrée, tournée d'un côté, à épillets à 4-6 fl. (J^n J^t) : prairies.

F. Ovina L. (F. ovine). Tiges nombreuses, de 15 à 30 cᵉˢ, grêles ; fᵗˢ capillaires fines ; panicule resserrée, à épillets ovales (Mⁱ Jⁿ) : pâturages secs, bois.

F. Arundinacea Sch. (F. roseau). Tige élevée ; fᵗˢ larges, planes ; panic. à pédonc., portant chacun 4-15 épillets ; glumes aiguës ; arêtes courtes ou nulles : bords des fossés et des étangs, Beaufays, île Moncin et Herstal.

F. Pratensis Hud. (F. des prés). Tiges de 60 à 90 cᵉˢ, glabres ; fᵗˢ peu larges ; panic. à pédonc. géminés, le plus court ne portant qu'un épillet ; glumes presque obtuses (Jⁿ Jᵗ): prairies, lieux herbeux.

F. Sylvatica Will. (F. des bois). Tiges élevées ; fᵗˢ planes, assez larges ; épillets en panicule ; ligule allongée (Jⁿ Jᵗ) : lieux couverts, Vaux-sous-Olne, Fonds de Forêt, etc.

F. Gigantea Will. (F. gigantesque). Tige de 1 à 2 mètres; arêtes 1-2 fois plus longues que la glumelle infér. ; épillets pédicellés (Jⁿ Jᵗ) : bois montueux.

G. Brachypodium P. B. (Brachypode).

Epill. à beaucoup de fleurs ; glumes nerveuses, inégales, plus courtes que l'épillet ;

glumelle inférieure concave, aiguë, aristée ou mucronée ; épillets solitaires, peu pédicellés, sans arêtes, disposés en épi lâche, à rachis creusé au niveau des épillets.

B. Pinnatum P. B. (B. pinné). Tige de 70 c^{es} à 1 mètre ; racine traçante ; épi à épillets nombreux ; arêtes courtes (en Jⁿ J^t) : bords des chemins, coteaux, pelouses sèches.

B. Sylvaticum Schult. (B. des bois). Tige de 60 c^{es} à 1 mètre ; épillets nombreux ; f^{es} assez larges ; souche fibreuse, cespiteuse ; arêtes longues d'environ 10 millim^{es} : bois, lieux ombragés.

G. Lolium L. (Ivraie).

Epillets solitaires, sessiles, appliqués par leur dos sur le rachis de l'épi qui est excavé, à 3-20 fleurs. Une seule glume. Glumelle inférieure aristée ou non. Epillets en épi distique.

L. Perenne L. (I. vivace, en wallon *drawe*). Tige de 40 à 60 centim. ; épi grêle ; épillets alternes, glabres, verts ; glumelle sans arête (Jⁿ J^t) : prairies, etc.

L. Temulentum L. (I. enivrante). Tige de 60 à 90 c^{es} ; épis longs ; épillets comprimés, gros, à fleurs allongées (J^t J^t) : moissons.

L. Multiflorum Lam. (I. multiflore). Tiges de 60 à 95 c^{m}; épillets à 10-20 fleurs; glume une fois plus courte que l'épillet (J^{n} J^{t}) : pelouses, entre un bois de sapin et le chemin entre Mont et Fonds-Renard, Theux.

G. *Hordeum* L. (Orge).

Epillets 3 par 3 sur les dents du rachis de l'épi, à une seule fleur avec le rudiment d'une seconde, ceux du côté étant mâles ou neutres, pédicellés; glumes 2, latérales, placées dans le même plan que la fleur et au-dessous, à arêtes longues; glumelle inf^{e} prolongée en arête.

H. Murinum L. (O. des murs ou queue-de-rat). Tige genouillée, de 30 à 40 c^{m}; feuilles velues; épi d'un jaune verdâtre serré; épill. par 3, les latéraux aristés, mâles ou stériles (J^{n} J^{t}) : lieux pierreux, murs.

H. Distichon L. (Orge à 2 rangs), **H. vulgare L.** (O. commune) et **H. Hexastichon L.** (O. à 6 rangs) : sont cultivés en grand.

G. *Sécale céréale* L. (Seigle)

Est cultivé en grand.

G. Triticum L. (Froment).

Epill. solitaires, sessiles, à 3 ou plusieurs fl. hermaph. ; glumes 2, égales, concaves ou carénées, entières ou à 1-2 dents, aristées ou non ; glumel. infér. concave ou carénée, ventrue, aristée ou non.

T. Repens L. (F. Rampant, Chien dent, en wallon *Din-d'chin*). Chaumes coudés, souche traçante ; feuilles lisses en-dessous ; épi allongé ; épillets glabres, sessiles, sans arête ; glumes et glumelles aiguës (J^a J') : lieux cultivés.

T. Caninum L. (F. de chien). Tiges de 60 à 85 cent., penchées du haut ; feuilles rudes sur les 2 faces ; souche fibreuse, cespiteuse; épi simple, composé d'épill. sessiles, alternes ; glumes non ventrues (J^a J') : haies, buissons.

T. Vulgare Vil. ; T. Turgidum (F. renflé) ; T. Spelta (Epeautre) ; F. Monocum L. (F. Locular, en wallon *R'gon*) : sont cultivés, le dernier rarement.

G. Nardus L. (Nard).

Epill. sessiles, solitaires sur le rachis excavé de l'épi, à 1 seule fl. hermaph.; glumes nulles ; glumelles 2, l'intér. subulée, carénée et aristée ; stigmate solitaire.

N. Stricta]L. (N. raide). Tiges de 10 à 20 cent., formant des touffes compactes ; épi raide, sétacé, droit, tourné d'un côté ; épillets violacés (en M¹ J¹) : champs secs, bruyères, pâturages.

Criptogames.

Fl. indistinctes ou à organes sexuels, invisibles ou renfermés, et qui ne sont pas constitués par des étamines et des ovaires.

FOUGÈRES.

Fructifications composées de capsules (sporanges) sessiles ou pédicellées, situées aux veines, sur le dos, ou au bord des feuil. (frondes) rarement en grappes terminales, divisées comme les feuilles, réunies en groupes nus ou recouverts d'une écaille membraneuse ou d'un tégument formé par le bord enroulé de la feuille ; caps. à 1 loge s'ouvrant de différentes manières, ordinairement entourées d'un anneau élastique, remplies d'un grand nombre de grains très-petits (spores) libres, globuleux ou aigus.

s'allongeant d'abord de tous côtés par la germination, émettant en bas des radicules et en haut une petite tige. Plantes herbacées, à souche souterraine, vivace, rarement douées d'un tronc en arbre dans quelques espèces exotiques ; feuilles éparses sur la souche, paraissant radicales, jeunes, souvent roulées en crosse annuelle ou vivace, simples, ailées, pinnatifides ou entières, marquées de veines, composées de cellules allongées.

G. Ceterach Bauh. (Ceterach).

Caps. à 1 loge, placée sur les veines à la face inférieure des veines principales, fourchues ou ailées, réunies en groupes linéaires ou oblongs ; tégument nul ; feuilles rarement simples, ordinairement composées, souvent parsemées de poils écailleux, roussâtres ou grisâtres.

C. Officinarum Bauh. (C. Commun). F^es pinnatifides, à lobes alternes, obtus, confluents, très-garnis d'écailles en-dessous. (J^n A^t) : murs et rochers, Forêt, Fraipont et entre Sougnez et Aywaille.

G. Polypodium L. (Polypode).

Caps. placées sur les veines, à la face inférieure des feuilles. réunies en groupes, arrondies, éparses ; tégument nul.

P. Vulgare L. (Polypode vulgaire). Feuill. profondément pinnat. à lobes oblongs, crénelés, obtus. rapprochés : murs, rochers, tronc d'arbres.

P. Phegopteris L. (P. Phégotore). Feuill. ovales, 2-3 fois ailées, ciliées et velues sur les 2 faces (J' S'e) : bois montueux un peu humid., lieux couverts.

P. Dryoptéris L. (P. Dryoptère). Pétiole grêle ; feuilles triangulaires 2-3 fois ailées, à lobes presque crénelés, glabres (J' A') : mêmes lieux.

P. Calcareum Sm. (P. du calcaire). Plante moins verte que la précédente, plus raide ; feuilles dressées, glanduleuses; pétiole plus épais, groupes de caps. confluents (J' A') : murs de la Vesdre, Haute-Fraipont, l'Eftai et Fraip.

G. Ptéris L. (Aquiline).

Caps. placées au sommet des veines, entourant le bord de la feuille en groupes,

.d'abord arrondis et distants, puis confluents en ligne continue ; tégument continu **avec** la bord de la feuille, scarieux ; f^{es} 3 fois ai-lées, oval.-lancéolées.

P. Aquilina L. (P. Aigle impériale). F^{es} coriaces, grandes, 3 fois ailées, à pinnules linéaires-lancéolées, les supérieures indi-vises, les inférieures pinnatifides (en Jⁿ A^t) : bois, champs.

G. Blechnum L. (Blechnum*)*.

Capsules réunies en groupes linéaires, géminés, continus, placées de chaque côté et parallèles à la côte de la feuille ;1 tégu-ment superficiel, continu, scarieux, voûté.

B. Spicant. Sm. (Blechne en épi). Feuilles stériles, pinnat., à lanières lancéolées ; f^{es} fertiles naissant au milieu des feuilles sté-riles, à pinnules linéaires aiguës (Jⁿ A^t) : bois montueux, bords des ruisseaux.

Scolopendrium Sm. (Scolopendre).

Caps. placées sur les div. des veines bif., réunies en groupes linéaires allongés, pa-rallèles, obliques par rapport à la nervure moyenne de la feuille ; téguments membraneux naissant latéralement d'une veine, connivents au-dessus des groupes de caps.

S. Officinale Sm. (S. Officinal, langue de cerf). Feuilles oblongues, en forme de langue, en cœur à la base, 6 fois aussi longues que larges ; lignes de caps., longues de **3** cent. (en $J^t A^t$) : rochers, murs.

G. *Asplenium* L. (Doradille).

Caps. placées sur les veines de traverse en groupes linéaires ou oblongs, formant des lignes droites ou éparses ; téguments membraneux naissant latéralement d'une veine libre vers la côte.

A. Filix-femina Bern. (Fougère femelle). Pétioles lisses ; feuilles 2 fois ailées, à pinnules distinctes, oblong., incisées-pinnat., à lobes linéaires, dentés au sommet $(J^n J^t)$: bois montueux nn peu humides.

A. Trichomanes L. (D. Polytric capillaire) Pétioles noirs ; feuilles de 10 à 20 cent., ailées, à pinnules ovales, arrondies, faiblement crénelées $(M^t A^t)$: murs, rochers.

A. Septentrionale Hoff. (D. Septentrionale). Feuilles de 7 à 15 cent., pétiolées, divisées en 2-3 lanières, aiguës au sommet, ordinairement à 3 dents (J^t S^{re}) : rochers, murs, Rauvari.

A. Ruta muraria Retz. (D. Rue de-muraille, *Sauve-vie*). Feuilles petites, 1-2 fois ailées, à pinnules rétrécies à la base, presque rhomb., entières ou à 3 lobes, crénelées, à la fin couvertes par les capsules (J^t S^{re}) : ordinairement sur les murs.

A. Adiantum-Nigrum L. (D. Capillaire noir). Pétioles brun foncé ; f^{es} de 18-30 c^{es}, presque 3 fois ailées, triangulaires ; pinnules principales inférieures plus longues, régulièrement décroissantes vers le sommet ; pinnules de 2e ordre ovales, lanc., dentées, les inférieures lobées, pinnatifides ; 5-6 lignes de capsules à la fin confluentes : rochers ombragés devant Fraipont, entre Sougnez et Aywaille, entre Xhoris et Comblain-la-Tour, etc.

G. Cystopteris Bernh. (Cystoptère).

Caps. en groupes épars, arrondis ; tégum^{ts} en forme d'écaille adhérent seulement à la base, présentant en s'ouvrant une lanière lancéolée, aiguë, plus longue que le groupe des capsules.

C. Fragilis Sw. (C. fragile). F^{es} minces, 2

fois ailées, tendres, à pinnules ovales, obt.,
inclinées ou pinnat., à lobes aigus et dentés
(en J^n J^t) : haies, endroits couverts.

G. Polystichum Roth. (Polystichum).

Capsules en groupes arrondis, solitaires
sur les nervures secondaires ; tégument
pelté, fixé au centre du groupe de capsules
par un pli déprimé.

P. Oreopteris DC. (P. Oréoptère). Feuilles
chargées en dessous de points résineux
jaunes, à lobes ordinairement entiers ou
très-peu dentés (J^a J^t) : bois humides, Fraip.

P. Filix-mas Roth. (P. Fougère mâle). Pétioles écailleux ; f^rs ovales, lancéolées, 2 fois
ailées, à pinnules oblongues, crénelées,
dentées, bordées en dessous dans leur moitié
de 2 rangs de groupes de capsules.

P. Spinulosum DC. (P. spinuleux). Feuilles
ovales, lancéolées, 3-4 fois ailées, à pinnules
oblongues et pétiolées, au moins les infér.
et fortement dentées, mucronées ; pétioles
écailleux (J^n J^t) : les bois de Fraipont, etc.

G. Aspidium R. Br. (Aspidium).

Capsules en groupes arrondis, solitaires

sur les nervures secondaires ; tégument orbiculaire, pelté, s'insérant par un pédicelle étroit au centre du groupe de capsules.

A. Aculeatum Sw. (A. à aiguillons). Pétioles très-écailleux, ainsi que leurs ramifications ; f‴ 1-2 fois ailées, raides, épaisses, d'un vert sombre, à pinnules oblongues, crénelées, obtuses, dentées au sommet, rarement auriculées à la base et une partie d'elles largement confluentes dans chaque pinnule (Jᵃ Jᵗ) : bois montueux, Fraipont, Pepinster. Riz-de-Mosbeux, Forêt, etc.

G. Botrychium Sw. (Botryche).

Capsules libres, disposées en panic., à 1 loge, à 2 demi valves.

B. Lunaria Sw. (B. Lunaire). Hampe de 10 à 15 c‴, portant au sommet une seule f‴, à pinnules entières, arrondies en quart-de-cercle, l'autre f‴ réduite au rachis qui porte la panicule, solitaire (en Mˡ Jⁿ) : lieux herbeux secs, sur une montagne à Hansez-Olne.

RHIZOCARPÉES.

Plantes aquatiques, à tiges à rhizome filif‴

rampant, ou court et rudimentaire ; feuilles alternes, de forme variable. Involucres capsulaires, presque globuleux ou oval.-globuleux, naissant sur le rhizome à la base des feuilles ou entre les racines, à 1-4 loges, renfermant des capsules fertiles et stériles, les stériles vésiculeuses, contenant beaucoupde granules très-petits, les fertiles contenant une spore assez grosse.

G. *Pilularia* Vaill. (Pilulaire).

Involucre capsulaire globuleux. presque sessile, à 4 loges. Capsules fertiles placées dans la partie inférieure de la loge, les stériles dans la partie supérieure.

Pilularia globulifera L. (P. à golbules). Feuilles linéaires-subulées ; involucre capsulaire de la grosseur d'un petit pois, placé à la base des feuilles; tige ou rhizome filif., rampant, radicant: fossé à Hansez et à Séroule, etc.

ÉQUISÉTASÉES.

Fructifications terminant la tige ou les rameaux ou une hampe décolorée en plusieurs réceptacles, en forme d'écailles pel-

tées, verticillées, disposées en cône ou en
épi, chaque réceptacle contenant à la face
inférieure 6-7 petits sacs ou sporanges membraneux à 1 loge et contenant des ovaires
ou petits corps nombreux, ou spores libres,
nus, très-petits, entourés par 4 lames attachées en croix à la base, renflées au sommet, portant des petits grains de pollen ;
plantes terrestres ou aquatiques ; tiges articulées, simples ou rameuses, verticillées.
Chaque articulation à gaîne membraneuse,
dentée ; chaque rameau articulé et muni de
gaîne comme la tige, simple, rarement rameux au niveau des articulations.

G. *Equisetum* L. (Prêle).

Tiges cylindr., lisses ou après striées,
fistuleuses, articulées, simples ou rameuses,
verticillées ; gaînes dressées, embrassant
étroitement la tige, à dents nombreuses,
fruct., terminales.

E. Arvense L. (P. des champs). Tige stérile, ordinairement verte, rameuse, se des-
séchant, à longs rameaux verticillés, rudes,
angul., striés ; gaînes à 8-12 dents ; tige
fertile nue, blanchât.-rougeât., ne se dessé-
chant pas (A M) : lieux humides.

E. Sylvaticum L. (P. des bois). Tige fructifère, presque nue, portant ordinairement vers le sommet 2-4 rameaux grêles, chargés de petits rameaux presque à 3 angles; gaînes à 4-5 dents larges; tige stérile, de 40 à 60 cent., striée, fistuleuse ; rameaux arqués, pendants, rameux (en A^l M^l) : bois humides et marécages des tourbières, Fraip. Louv., Theux, Polleur, etc.

E. Palustre L. (Prêle des marais). Tige très-rameuse ou peu rameuse, à rameaux à 5-8 sillons; gaînes à 5-8 dents ; épi cylindr. (M^i J^n) :fossés, marais.

E. Limosum L. (P. des bourbiers). Tige de 60 cent. à 1 mètre. épaisse, glabre, fistuleuse, ferme, nue ou peu rameuse, à 12-20 rameaux, anguleux, assez courts, à gaînes à 12-20 dents, brunes et acérées ; épi ovale (M^l J^n) : fossés, étangs.

LYCOPODIACÉES.

Fructifications placées aux aisselles des feuilles sous forme de capsules, tantôt sessiles, tantôt à pédicelles très-courts sur toute la longueur de la tige ou seulement au sommet des rameaux, en épis munis de bractées écailleuses ; capsules à 3-4 coques, réniformes, en cœur ou presque globuleuses, à 1 ou rarement 2-3 loges, à 2-4 valves, ordinairement uniformes, quelquefois de 2 sortes dans les mêmes individus, les unes à 2 valves remplies d'une poussière farineuse, les autres à 3-4 coques à 3-4 valves contenant de petits corps peu nombreux, presque globuleux ; plantes terrestres à tiges rameuses, dressées ou couchées, cylindriques, angul. ou comprimées ; feuill. divisées en rameaux alternes ou dichotomes ; feuilles disposées en spirale sur la tige, souvent serrées, imbriquées, simples, sessiles ou décurrentes, ordinairement subulées, planes ou lancéolées, à 1 nervure, émettant à leur aisselle des radicules filiformes.

G. *Lycopodium* L. (Lycopode).

Capsules à 1 loge, uniformes, s'ouvrant en 2 valves.

L. Clavatum L. (L. en massue, en wallon *Pi-d'leu*). Tige de 40 à 60 cent., longuement rampante, toute couverte de feuilles ; rameaux fertiles, ascendants, dichotomes ; fᵉˢ éparses, presque unilatérales, molles, linéaires-subulées, dentelées, sans nervure, courbées en dedans et terminées par un poil blanc long; épis 2-4, de 5 à 7 c", en massue, longuement pédonculés.

L. Selago L. (L. Sélagine). Tige de 8 à 20 centimètres, couchée à la base, à rameaux redressés, parallèles, égaux, dichotômes; f" lancéolées, en alène, raides uniformes, étalées, imbriquées sur 8 rangs irréguliers. Caps. uniformes, placées aux aisselles des feuilles dans toute la longueur des rameaux. Plante très-feuillée, sans bractée (J" J?) : bruyères; a été indiqué dans notre rayon, Andoumont, Jehanster, Hockai, etc.

Plantes omises ou retrouvées pendant l'impression de cette Flore.

Genre Geranium L. page 51.

G. Machrorisum L. (G. à grosses racines). Tige de 20 à 35 c", très-finement pubescente; feuilles palmées, à 5-7 divisions incisées, à dents arrondies, mucronées; pédoncules serrés; calice renflé-globuleux; pétales arrondis, étalés, plus courts que les étam.;

capsule et bec glabres. Fleurs purpurines (en M^t J^n) ; vivace : coteau ombragé près Fraipont et haie près la station de Nesson-vaux.

Genre Lathyrus L. (Gesse) page 95.

L. Aphaca L. (G. sans feuilles). Tige grêle, faible, rameuse ; pétiole sans feuilles, muni de 2 stipules ovales, sagittées, presque en cœur, ressemblant à une paire de feuilles ; pédoncules à 1 fleur jaune (en M^t J^n) : moissons, à Colonhé-Fraipont, près la station de Nessonvaux.

G. *Euphorbia* L. (Euphorbe) page 274.

E. Platyphillos L. (E. à larges feuilles). Tige de 40 à 70 c^{es}, simple à la base, puis rameuse vers sa moitié supérieure ; feuilles lancéolées, comme horizontales ; involucre ovale-lancéolé, involucelle comme en cœur ; ombelles à 3-4-5 rayons ; capsule presque globuleuse, parsemée de petits tubercules ; fl. vert jaunâtre (en J^n J^t) ; ann. : moissons, Colonhé-Fraipont, près la station de Nes-sonvaux et sur la montagne au-dessus de Vaux-sous-Olne, 1876-1877.

1er Juin 1877.

A Monsieur M. MICHEL,
*Directeur de la Société Botanique de
Nessonvaux-Fraipont.*

Mon cher Monsieur,

Je vous suis très-reconnaissant pour l'obligeance avec laquelle vous avez bien voulu me communiquer les principales Plantes récoltées dans vos nombreuses herborisations et qui figureront dans la FLORE que vous allez livrer à l'impression ; je les ai examinées avec un grand intérêt.

Dans vos envois, j'ai vu avec plaisir des Plantes nouvelles pour la Flore liégeoise, telles que : *Sagina ciliata* et *Senebiera pinnatifida* et aussi un certain nombre d'espèces (*Silene gallica, Geranium maccrorhizum, Sisymbrium strictissimum*,

Xanthium strumarium, etc., etc.) qui, indiquées au commencement du siècle par Lejeune, n'avaient pas été retrouvées depuis lors et avaient dû être retranchées provisoirement de la liste des Plantes liégeoises.

Veuillez agréer, cher Monsieur, avec mes vifs remerciements, l'assurance de ma respectueuse considération.

THÉOPHILE DURAND,
Membre de la Société Royale de Botanique de Belgique.

ERRATA.

Page 28, Genre Thalictrum, *lisez* T. Flavum. Calice à 4 5 sépales, au lieu de 4 sépales.

» 30, au lieu de Ranunculis, *lisez* Ranunculus.

» 33, G. Ficaria, *lisez* 5-9 pétales.

» 39, Saponaria Vaccaria, *lisez* fleurs roses. Moissons à Trasinster-Fraipont, 1877.

» 43, Sagina ciliata, *lisez* sépales extérieurs mucronés ; capsule ovoïde, oblongue.

» 48, Linum Usitatissimum, *lisez* fleurs bleues.

» 60, Hypericum pulchrum, *lisez* f^les cordées, amplexicaules.

» 65, Papaver Argemone, *lisez* capsule oblongue, hérissée.

» 66, au lieu de Chélidonium m issus, *lisez* C. majus.

Page 67, *lisez* Corydalis Solida et non Salida.

»   68, au lieu de tlaspi perfoliatum, *lisez* Lépidium Campestre ; style égalant l'échancrure.

»   80, Lapidium Draba, *lisez* silicules en cœur.

»   85, Papilionnacées, *lisez* légume à 2 valves.

»   90, Mélitotus machrorisus, *lisez* pétales tous égaux ; gousses à poils appliqués.

»   96, Orobus tubérosus, *lisez* racine tubéreuse.

»   97, Robinia pseudo-accacia, *lisez* rameaux épineux.

» 101, Trientalis Europea, *lisez* fl^{rs} 2-3.

» 107, Comarum palustre, *lisez* feuilles à 5-7 folioles, oblongues, pétiolées, dentées.

» 113, Joncaginées, *lisez* stigmates 3-6.

» 113, G. Epilobium, *lisez* calice à 4 divisions.

» 121, Helosciadum repens, *lisez* variété repens de H. nodiflorum, ombelles pédonculées et non longuement pédonculées.

Page 167, Veronica opaqua, *lisez* fl. bleues.

    »   185, ligne 12, après involucre à folioles
        sétacées. *lisez* Clinopodium Vul-
        gare. C. Vulgaire.

    »   201, Campanula persicaefolia, *lisez*
        feuilles de la tige linéaires, den-
        ticulées.

    »   206, Populus Pyramidalis, *lisez* feuill[es]
        plus longues que larges, presque
        triangulaires. Dans le cours de
        cette Flore, au lieu de Flur, *lisez*
        Fleer (village).

TABLE DES MATIÈRES.

Absinthe	227	Alismacées f^{le}	292
Absinthium	227	Althæa	55
Accacia faux	97	Alkékenge	162
Acer	58	Alliaire	72
Acérinées f^{le}	57	Allium	297
Achillea	222	Alnus	288
Aconit	36	Alopécurus	337
Acore	318	Alsina	44
Actea	36	Alysson	76
Adonis	29	Amarantacées	254
Adoxa	205	Amarantus	255
Ægopodium	113	Amaryllidées	304
Æthusa	123	Ammi	119
Agrimonia	110	Anagalis	143
Agripaume	193	Ancolie	35
Agrostis	339	Anémone	28
Ail	297	Angelica	126
Aira	341	Anserine	256
Airelle	199	Anthémis	223
Ajonc	27	Antennaria	231
Ajuga	195	Androméda	140
Alcée	55	Anthryscus	130
Alchemilla	270	Anthyllis	88
Alisma	293	Anthirrinum	172

Apium	. . .	121	Benoite	. . .	106
APOCYNÉES f	.	148	Berberis.	. .	37
Aquilégia	. .	35	Berce.	. . .	127
Arabis	. . .	69	Berle.	. . .	122
Arénaria	. . .	44	Betoine	. . .	191
Argentine	. .	108	Betonica.	. .	191
Armoise.	. .	227	BÉTULINÉES f		287
Arnica	. .	237	Betula	. . .	287
AROÏDÉES f	.	317	Bident	. . .	221
Arrête-bœuf	. .	87	Bistorte.	. . .	263
Arroche.	. . .	256	Biscutella	. .	80
Artemesia	. .	227	Blé.	. . . .	356
Arum.	. . .	317	Bladingera.	. .	337
Asarum	. . .	273	Blitum	. . .	259
Asclepia.	. .	149	Bluet..	. . .	221
ASPARAGINÉES f		300	Bois-gentil.	. .	272
Asperula	. .	208	Bon-henri	. .	260
Aster	. . . .	236	Bonnet de prêtre		59
Astragalus	. .	88	BORRAGINÉES f		154
Atriplex.	. .	256	Borrago	. . .	155
Atropa	. . .	161	Boucage.	. .	122
Aubépine	. .	111	Bouillon-blanc		165
Aunée	. . .	233	Bouleau.	. .	287
Avéna	. . . .	342	Bourdaine	. .	85
			Bourrache	. .	155
Ballota	. . .	192	Bourse-à-pasteur		79
BALSAMINÉES f		50	Branc-ursine	.	127
Barbarée	. .	68	Brassica.	. .	74
Bardane.	. . .	219	Brisa	. . . .	346
Barkausia	. .	249	Bromus	. . .	349
Becabunga	. .	169	Brunella.	. .	193
Belladone	. .	161	Bryère	. . .	140
Bellis.	. . .	227	Bryone	. . .	204

Bugle. 195
Bugrane. 87
Bunias 81
Butomus. . . 294

Caille-lait . . 208
Calamagrostis. 339
Calament . . 318
Calendula . . 229
Callitriche. . . 277
Calluna . . . 140
Caltha . . . 33
Camelina . . 77
Camomille . . 225
Campanula. . 200
CAMPANULÉES f^le 200
Canche . . . 341
Cannabis . . 266
Canneberge . 159
Capillaire . . 362
CAPRIFOLIACÉES 205
Cardamine . . 70
Cardère . . . 214
Cardnus. . . 216
Carex. . . . 324
Carline . . . 216
Carotte . . . 128
Carpinus . . 282
Carum . . . 120
CARYOPHILLÉES 37
Casse-lunette . 176
Castanea . . . 280
Cataire . . . 184

Caucalis. . . . 129
CÉLASTRINÉES f^le 58
Céleri. . . . 121
Centaurea . . 220
Centranthus . 211
Cephalantera . 309
Cerastium . . 46
Cerasus . . . 103
Cerfeuil . . . 130
Cerisier . . . 103
Chaerophyllum 131
Chamaepytis . 196
Chanvre. . . 266
Chardons . . 217
Charme . . . 382
Chausse-trappe 221
Châtaignier. . 281
Cheiranthus . 68
Chelidonium. . 66
Chêne . . . 282
Chêne petit. . 197
Chenopodium . 257
Chèvrefeuille . 207
Chicorium . . 243
Chicorée sauv^ge 243
Chiendent . . 356
Chou 74
Chrysantenum 226
Chrysoplenium 138
Cicorium . . 243
Ciguë petite . 123
Circea . . . 116
Cirsium . . . 216

Cistinées . .	81	Cupulifères. .	280
Clématite . .	27	Cuscuta . . .	154
Clinopodium .	185	Cymbalaire. .	172
Cochelaria . .	77	Cynarocéphales	
Colchicacées f^{le}	295	s^s f^{le} . . .	216
Comarum . .	106	Cynoglosse. .	159
Compagnons bl^{cs}	41	Cypéracées f^{le}	324
Composées f^{le} .	215	Cytisus . . .	86
Conifères f^{le} .	238		
Conium . . .	132	Dactylis. . .	348
Consoude . .	155	Dame d'onze h^{res}	296
Convallaria. .	300	Danthonia . .	343
Convolvulacées	152	Daphné . . .	272
Convolvulus .	153	Datura . . .	163
Conise . . .	234	Daucus . . .	128
Coquelicot . .	65	Dauphinelle .	36
Coqueret . .	102	Delphinium .	36
Coriandre . .	133	Dianthus . .	38
Corylus . . .	282	Digitalis. . .	171
Cornifle . . .	278	Digitaria . .	335
Cornouiller. .	134	Dipsacées f^{le} .	213
Cornus . . .	134	Dipsacus . .	214
Corydalis . .	67	Diplotaxide. .	73
Coudrier. . .	282	Dompte-venin .	149
Corymbifères	221	Doradille . .	361
Crassulacées f^{le}	100	Dorine . . .	138
Crataegus . .	111	Doronicum. .	237
Crepis . . .	250	Douce-amère .	160
Cresson de font^{ne}	71	Droba . . .	76
Cretelle . . .	345	Drosera . . .	61
Croisette . .	209	Drocéracées .	61
Crucifères f^{le}.	67		
Cucurbitacées f^e	204	Echium . . .	158

Egopode. . .	119	Fluteau . . .	293
Epervière : .	251	Fœniculum. .	125
Epiaire . . .	190	FOUGÈRE f^{le}. .	357
Epilobium . .	113	Fragaria . .	106
Epine blanche.	111	Fraisier . . .	106
Epine vinette .	37	Framboisier .	105
Epipactis . .	310	Fraxinus . .	147
Epurge . . .	276	Frêne. . . .	147
Erable . . .	58	Froment. . .	356
Eranthis. . .	34	Fumaria. . .	67
Erica	140	FUMARARIACÉES	66
ERICINÉES f^{le} .	139	Fumeterre . .	67
Erigeron . .	235	Fusain . . .	59
Eriophorum .	334		
Erodium. . .	53	Galantus. . .	305
EQUISÉTACÉES .	365	Galeobdolon .	188
Equisetum . .	366	Galeopsis . .	188
Erysinum . .	72	Galium . . .	208
Erythréa . .	152	Gaude . . .	63
Esule. . . .	275	Genets . . .	86
Ethuse . . .	123	Gagea . . .	296
Eupatoire . .	240	Genevrier . .	290
Euphorbia . .	274	Genista . . .	86
EUPHORBIACÉES	274	Gentiana . .	151
Euphrasia . .	176	GENTIANÉES f^{le}.	149
Evonymus . .	59	GERANIACÉES f^{le}	50
		Geranium . .	51
Fagus . . .	281	Germandrées .	196
Faux-acore. .	303	Gesset . . .	95
Fenouil . . .	125	Geum. . . .	106
Festuca . . .	351	Giroflée jaune.	68
Ficaria . . .	33	Glechoma . .	187
Filago . . .	231	Glyceria. . .	346

Gnapholium . 230
Gnavelle. . . . 100
Gouet. . . . 317
Goutte de sang 30
GRAMINÉES fle . 335
Grateron . . . 210
Gremil . . . 157
Griotier . . . 103
Groseillier . . 136
GROSSULARIÉES 136
Guimauve . . . 55
Guy 135
Gymnandenia . 303

HALLORAGÉES fle 117
Hedera 133
HÉDÉRACÉES . 133
Heleocharis . 332
Helianthenum . 82
Helleborus . . 34
Helosciadeum . 121
Heracleum . . 127
Hesperis. . . 73
Hêtre. . . . 281
Hiéracium . . 251
Hippuris . . 272
Holcus . . . 343
Holosteum . . 44
Hordeum . . 355
Houblon. . . 266
Houx. . . . 146
Humulus . . 266
Hydrocotyle . 118

HYDROCHARIDÉES fle
311
Hydrocharis . 312
Hydrocopyle . 118
Hyosegamus . 164
HYPÉRICINÉES. 59
Hypericum. . 59
Hypochaeris . 243
Hysopus. . . 182
Hysope . . . 182

Ibéris. . . . 79
If 289
ILICINÉES . . 146
Ilex 146
Impatiens . . 50
Inula . . . 233
IRIDÉES . . . 302
Iris 303
Ivraie. . . . 354

Jacée. . . . 220
Jasione . . . 203
JUGLANDÉES fle 279
JONCÉES fle 320
JONGAGINÉES fle 312
Joubarbe . . 102
Juglans . . . 280
Juncus . . . 320
Juniperus . . 290
Jusquiame . . 164

Koelerie . . . 343

Kœlaria.	343
Knautie.	214
Knautia.	214
LABIÉES f^le.	179
Lactuca.	247
Laiche	324
Laitue	247
Laitron.	248
Lamium.	187
Lampourde	253
Lapsana.	242
Lappa	219
Larix	290
Lathyrus	95
LEMNACÉES.	315
Lemna	316
Lenticule	316
Leontodon	245
Leonurus	193
Lepidium	79
Libanotis	124
Lierre	133
Lierre terrestre	187
Ligustrum	147
Lilac.	147
Lilas.	147
LILIACÉES f^le	295
Lin	48
Linaigrette	334
Linaire	172
Linaria	172
LENNÉES f^le.	47
Lenanthenum.	150
Linum	48
Linosyris	236
Liseron.	153
Lithospernum.	157
Lolium	354
Lonicera	207
LORANTHACÉES f^le	135
Lotus.	88
Lunaire.	75
Lunetière	80
Luzerne.	90
Luzula	323
Lychnis.	41
Lycium.	161
LYCOPODIACÉES	367
Lycopus.	182
Lycopodium	368
Lycopode.	368
Lysimachia	142
LYTHRARIÉES.	97
Lytrum	98
Mache	212
Malva.	54
MALVACÉES f^le.	54
Marrube.	191
Marrubium.	191
Massette.	319
Matricaire	224
Matricaria	224
Mauve	54
Mayanthemum.	301

Medicago	. .	90	Myrtille . . .	199
Melandryum	.	41	Myrris . . .	131
Melampyrum	.	175		
Mélèze	. . .	290	Narcis des prés	304
Mélica	. . .	345	Narcicus . .	304
Melilot	. . .	89	Narthecium .	299
Melilotus	. .	89	Nardus . . .	356
Melissa	. . .	185	Nasturtium . .	70
Mélisse	. . .	185	Neflier . . .	110
Mentha	. . .	179	Nenuphar . .	64
Menthe	. . .	179	Neotia . . .	311
Menyanthes	.	150	Nepeta . . .	186
Meum	. . .	125	Nerprun . . .	84
Mercuriale	. .	276	Neslia . . .	81
Mercurialis	. .	276	Nicotiana . .	162
Mespilus	. . .	110	Nielle . . .	42
Millefeuille	. .	223	Noisetier . .	282
Milpertuis	. .	59	Noyer . . .	280
Millet	. . .	340	Nuphar . . .	64
Miroir de Vénus		201	Nymphéa . .	64
Molinia	. . .	345	NYMPHÉACÉES	63
Montia	. . .	99		
Morelle	. . .	160	Obier	206
Morrêne	. . .	312	Œillet . . .	38
Mors du diable		213	Œnanthe . .	123
Moschatelline		205	Œnothera . .	115
Mouron	. . .	143	OLÉINÉES . .	146
Moutarde	. .	74	OMBELLIFÈRES fⁱᵉ	118
Muflier	. . .	171	ONAGRARIÉES .	113
Muguet	. . .	301	Onobrychis .	97
Muscari	. . .	298	Ononis . . .	87
Myosotis	. . .	156	Ophrys . . .	307
Myriophillum	.	117	ORCHIDÉES . .	305

Orchis 306
Orge 355
Origan . . . 183
Origanum . . 183
Orme 267
Ornithogalum . 296
Ornithopus . . 96
Orobanche . . 177
OROBANCHÉES f^le 176
Orobus . . . 96
Orlaya . . . 128
Orpin 268
Ortie 268
Ortie blanche . 187
Ortie jaune . . 189
Oseille . . . 263
OXALIDÉES f^le . 49
Oxalis . . . 49
Oxycocos . . 199

PAPILIONACÉES 85
Panais . . . 127
Panicum . . 336
Papaver . . . 65
PAPAVERACÉES f^le 65
Paquerette . . 227
Pariétaire . . 269
Parietaria . . 269
Parnassia . . 61
Paris 301
Parisette . . 301
PARONYCHIÉES . 99
Pas-d'âne . . 241

Pastinaca . . 127
Passerage . . 79
Patanu . . . 261
Paturin . . . 347
Pavot 65
Pedicularis . . 174
Pensée . . . 83
Peplis . . . 98
Perce neige . 305
Persicaire . . 264
Persile . . . 120
Pervenche . . 148
Pesse 272
Petasites . . 241
Peuplier . . 286
Phalangium . 299
Phleum . . . 338
Phragmites . 344
Physalis . . . 162
Phyteuma . . 202
Picris 245
Pied-d'alouette 35
Pied-de-chat . 231
Pied-de-lion . 270
Pied-d'oiseau . 96
Piganum . . 28
Pisum . . . 95
Pimpinella . . 122
Pilularia . . 365
Pimprenelle . 271
Pin 291
Pinus . . . 291
Pissenlit . . 247

PLANTAGINÉES f^le	144	Prunelier . . 103
Platago . . . 144	Prunier . . . 103
Plantain . . . 144	Prunus . . . 103
Platantera . . 309	Pteris . . . 359
Poa 347	Pulicaria . . 232
Podagraire . . 119	Pulmonaire . 159
Poirier . . . 112	Pulmonaria . 159
Poterium . . 271	Pyrethrum . . 225
Poivre-d'eau . 263	Pyrola . . . 62
Poligala . . . 57	Pyrole . . . 62
POLYGALÉES f^le 56	PYROLACÉES . 62
POLYGONÉES » 260	Pyrus 112
Polygonum . . 263	
Polypodium . 359	Quercus . . . 282
Polystichum . 363	Quintifeuille . 107
Polygonatum . 300	
Pisum . . . 95	Radiola . . . 48
POMACÉES . . 110	Radiole . . . 48
Pommier . . 112	Radis 75
Populage . . 33	Raiponse . . 202
Populus . . . 286	Ranunculus . 30
Porcelle . . . 243	Ramnée . . . 84
Portula . . . 98	Raphanus . . 75
PORTULACÉES . 98	Ravenelle . . 75
Potamogeton . 314	Reine des prés 104
Potentilla . . 107	RENONCULACÉES f^le 27
Potentille . . 107	Renoncule . . 30
Poterium . . 271	Renouée . . . 263
Pourpier . . 98	RÉSÉDACÉES . 63
Prêle 366	Réséda . . . 63
Primevère . . 141	Réveil matin . 275
Primula . . . 141	RHAMNÉES f^le . 84
PRIMULACÉES f^le 141	Rhamnus . . 84

Rhinanthus	.	174	Saponnaire. .	39
Ribes. . . .		136	Saponnaria. .	39
RHIZOCARPÉES.		364	Sapin. . . .	291
Robinia . . .		97	Saule. . . .	284
Ronce . .	.	105	Sauge . . .	183
Rosa . . .	.	109	Sarrête . . .	219
ROSACÉES fle.	.	104	Saxifraga . .	137
Rosier . . .		109	SAXIFRAGÉES fle	137
Rossolis. . .		61	Sarothamnus .	85
Rubannier . .		319	Saxifrage . .	137
RUBIACÉES fle .		207	Scabieuse . .	213
Rubus . . .		105	Scabiosa. . .	213
Rue de mur .		362	Scandix . . .	131
Rumex . . .		261	Sceau de Salomon	301
Rhynchospora.		331	Scirpus . . .	332
			Scleranthus .	100
Sabline . .	.	44	Scolopendrium	360
Sagina . .	.	43	Scutellaria . .	194
Sagittaria .	.	293	Scrophulaire .	170
Sainfoin. .	.	93	Scrophularia .	170
Salicaire .	.	98	SCROPHULARINÉES fle	
SALICARIÉES fle		97		166
SALICINÉES fle .		283	Secale . . .	355
Salidago. .	.	234	Sedum . . .	100
Salix . . .	.	284	Seigle . . .	355
SALSOLACÉES fle		255	Selinum . . .	126
Salsifis des près		246	Sesleria . . .	340
Salvia . .	.	183	Senecio . . .	238
Sambucus . .		205	Sempervivum .	102
SANGUISORBÉES		269	Seneçon . . .	238
Sanguisorba .		270	Serpolet. . .	184
Sanicle . .	.	118	Serratula . .	219
Sanicula. .	.	118	Sherardia . .	208

Silaus . . .	125	Teesdalia . . 78
Silène . . .	39	Teucrium . . 196
Setaria . . .	336	Thalictrum. . 28
Silybum. . .	218	Thlaspi . . . 78
Sinapis . . .	74	Thrincia. . . 244
Sisymbrium .	71	Thymus. . . 184
Sium . . .	122	THYMÉLÉES f^{le} . 271
SOLANÉES . .	160	Tilia . . . 56
Solanum. . .	160	TILIACÉES f^{le} . 56
Solidago . .	234	Tilleul . . . 56
Sonchus . . .	248	Topinambour . 222
Sorbier . . .	113	Tormentilla . 107
Sorbus . . .	113	Torilis . . . 129
Souci. . . .	229	Tragopogon . 246
Sparganium .	319	Trèfle. . . . 91
Spergula . .	43	Trèfle d'eau . 150
Specularia . .	202	Tremble. . . 286
Spirea . . .	104	Trifolium . . 91
Stachis . . .	190	Trientalis . . 143
Stellaria. . .	45	Triglochin . . 313
Stramoine . .	163	Triticum. . . 356
Succise . . .	213	Troène . . . 147
Sureau . . .	205	Troscart. . . 313
Sycomore faux	58	Tussilage . . 241
Sylvie . . .	28	Tussilago . . 241
Symphitum. .	155	Typha . . . 319
		TYPHACÉES f^{le} . 318
Tagetes . . .	229	
Tabouret . .	78	Ulex 87
Tanactum . .	228	Ulmaire . . . 104
Tanaisie. . .	228	ULMACÉES . . 267
Taraxacum. .	247	Ulmus . . . 267
Taxus . . .	289	URTICÉES . . 268

Urtica. . . . 268
Utricularia. . 178
UTRICULARIÉES 178

VACCINIÉES . . 198
Vaccinium . . 199
Valeriana . . 210
VALÉRIANÉES . 210
Valérianella . 212
Valeriani rouge 210
Vélar . . . 72
Verbascum. . 165
Verbéna. . . 198
VERBÉNACÉES . 197
Verge d'or . . 234
Vergerette . . 235

Vermiculaire . 100
Veronica. . . 166
Verveine. . . 198
Vesce. . . . 93
Viburnum . . 206
Vicia 96
Vinca. . . . 148
Viola 82
VIOLARIÉES. . 82
Violette . . . 82
Viorne . . . 206
Veperine . . 158
Viscum . . . 135
Vulvaire. . . 258

Xanthium . . 253